高职高专土建类工学结合"十三五"规划教材

建筑施工技术（下册）

主　编　黄　柯　刁庆东
副主编　刘豫黔　李战雄　黄喜华
　　　　　　许锡骏　李　玲　刘雄心

U0303224

华中科技大学出版社
中国·武汉

内 容 提 要

本书根据高等职业教育教学及改革的实际需求,以生产实际工作岗位所需的基础知识和实践技能为基础,更新了教学内容,增加了新技术、新知识、新材料和新工艺,适当扩展了知识面,突出实际性、实用性、实践性,按照基础工作过程的教育理论,阐述建筑工程各个分部分项以及主要工种的施工原理,以建筑工程各个分部分项以及主要工种的施工实践过程为主线组织教学内容,以提高学生的基本能力和素质为目标,注重分析和解决问题的方法及思路的引导,注重理论与实践的紧密结合。

《建筑施工技术(下册)》共六章,按照房屋建筑工程施工的先后顺序及承接《建筑施工技术(上册)》的内容,分为砌体工程、预应力混凝土工程、结构安装工程、屋面及防水工程、建筑装饰装修工程和墙体保温工程。

本书既可作为高等职业技术院校建筑施工技术、建筑管理、监理等相关专业的教材,也可以作为相关技术人员的参考资料。

图书在版编目(CIP)数据

建筑施工技术. 下册/黄柯,刁庆东主编. —武汉:华中科技大学出版社,2018.1(2024.2 重印)
高职高专土建类工学结合"十三五"规划教材
ISBN 978-7-5680-3804-1

Ⅰ.①建… Ⅱ.①黄… ②刁… Ⅲ.①建筑施工-工程施工-高等职业教育-教材 Ⅳ.①TU74

中国版本图书馆 CIP 数据核字(2018)第 017617 号

建筑施工技术(下册)
Jianzhu Shigong Jishu

黄 柯 刁庆东 主编

策划编辑：金 紫
责任编辑：陈 忠
封面设计：原色设计
责任校对：张会军
责任监印：朱 玢

出版发行：华中科技大学出版社(中国·武汉)　　电话：(027)81321913
　　　　　武汉市东湖新技术开发区华工科技园　　邮编：430223
录　　排：武汉正风天下文化发展有限公司
印　　刷：武汉市籍缘印刷厂
开　　本：787mm×1092mm　1/16
印　　张：12.25
字　　数：307 千字
版　　次：2024 年 2 月第 1 版第 8 次印刷
定　　价：36.00 元

前　言

高等职业教育作为高等教育的一个重要组成部分,是以培养具有一定理论知识和较强实践能力,面向生产、服务和管理第一线的职业岗位,以实用型、技能型专门人才为目的的职业教育。它的课程特色是在必需、够用的理论知识基础上进行系统学习和专业技能训练。

本教材根据高职教育的特点,按照基于工作过程的教育理论,根据高等职业教育教学及改革的实际需求,以实际工作岗位所需的基础知识和实践技能为基础,更新了教学内容,增加了一些建筑工程当中的新技术、新知识、新材料和新工艺,适当扩展了知识面,突出实际性、实用性、实践性,按照基础工作过程的教育理论,阐述建筑工程各个分部分项以及主要工种的施工原理,以建筑工程各个分部分项以及主要工种的施工实践过程为主线组织教学内容,以提高学生的基本能力和素质为目标,注重分析和解决问题的方法及思路的引导,注重理论与实践的紧密结合。

该套建筑施工技术教材分为上、下两册,《建筑施工技术(下册)》共六章内容,按照房屋建筑工程施工的先后顺序及承接《建筑施工技术(上册)》的内容,分为砌体工程、预应力混凝土工程、结构安装工程、屋面及防水工程、建筑装饰装修工程和墙体保温工程。本书既可作为高等职业技术院校建筑施工技术、建筑管理、监理等相关专业的教材,也可以作为相关技术人员的参考资料。

全书由广西建设职业技术学院黄柯和刁庆东担任主编,由广西建设职业技术学院刘豫黔,李战雄,黄喜华,许锡骏,李玲,刘雄心担任副主编。具体编写分工如下:黄喜华编写第5章,许锡骏编写第6章,刁庆东编写第7章的7.1至7.4节,黄柯编写第7章的7.5节,刘雄心编写第8章,李玲编写第9章,李战雄编写第10章。由黄柯负责设计教材的总体框架、制定编写大纲,组织老师撰写及承担本书的定稿工作。最后由刘豫黔负责审核全书内容。

由于编者水平有限,经验不足,书中的缺点和疏漏在所难免,恳请读者给予批评指正。

编　者

于南宁

2018 年 1 月

目　　录

第5章 砌体工程

砌体工程是指在建筑工程中使用普通黏土砖、硅酸盐类砖、石块和各种砌块等材料进行砌筑的工程。砖砌体在我国有悠久历史,它的优点是取材容易,造价低,施工简单;它的缺点是自重大,劳动强度高,生产效率低,且普通烧结砖生产过程占用大量土地资源,难以适应现代建筑工业化的需要。因而采用新型墙体材料,改善砌体施工工艺是砌筑工程改革的重点。

墙体材料的发展方向是逐步限制和淘汰实心黏土砖,大力发展多孔砖、空心砖、废渣砖、建筑砌块和建筑板材等各种新型墙体材料。

砌体结构可分为承重结构和非承重结构,承重结构多用于砖混结构的建筑。随着框架结构的普遍使用,砖砌体结构的功能逐步由承重向围护全面转变。

5.1 砌 筑 砂 浆

5.1.1 砂浆的种类

砌筑砂浆按使用对象可分为水泥砂浆、石灰砂浆和混合砂浆;按制作工艺可分为自拌砂浆、预拌砂浆。

5.1.2 砂浆的等级

砌筑砂浆的强度用强度等级来表示。根据行业标准《砌筑砂浆配合比设计规程》(JGJ/T 98—2010),水泥砂浆及预拌砌筑砂浆的强度可分为 M5、M7.5、M10、M15、M20、M25、M30 七个等级;水泥混合砂浆的强度可分为 M5、M7.5、M10、M15 四个等级。

砂浆强度等级是以边长为 70.7 mm 的立方体试块,在标准养护条件下(温度为 20±2 ℃、相对湿度为 95% 以上),用标准试验方法测得 28 d 龄期的抗压强度值(单位为 MPa)确定。一般情况下,多层建筑物墙体选用强度等级为 M2.5～M15 的砌筑砂浆;砖石基础、检查井、雨水井等砌体,常采用强度等级为 M5 的砂浆;工业厂房、变电所、地下室等砌体选用强度等级为 M2.5～M10 的砌筑砂浆;二层以下建筑常用强度等级 M2.5 以下砂浆;简易平房、临时建筑可选用石灰砂浆;高速公路修建排水沟一般使用强度等级为 M7.5 的砌筑砂浆。

5.1.3 砂浆的选择

砂浆种类选择及其等级的确定,应根据设计要求。

水泥砂浆和混合砂浆可用于砌筑处于潮湿环境和强度要求较高的砌体,但对于基础,一般采用水泥砂浆。

石灰砂浆宜用于砌筑处于干燥环境以及强度要求不高的砌体,不宜用于潮湿环境的砌体及基础。因为石灰属气硬性胶凝材料,在潮湿环境中,石灰膏不但难以结硬,而且会出现溶解流散现象。

5.1.4 材料要求

砌筑砂浆使用的水泥品种及标号,应根据砌体部位和所处环境来选择。水泥进场使用前,应分批对其强度和稳定性进行复验。检验批应以同一生产厂家、同一编号为一批。

砂浆用砂的含泥量应满足下列要求:对水泥砂浆和强度等级不小于 M5 的水泥混合砂浆,不应超过 5%;对强度等级小于 M5 的水泥混合砂浆,不应超过 10%;人工砂、山砂及特细砂,应经试配能满足砌筑砂浆技术条件要求。

5.1.5 砂浆制备与使用

1. 现场拌制砂浆

(1) 拌制砂浆用水,水质应符合行业标准《混凝土用水标准》(JGJ 63—2006)的规定。

(2) 砂浆现场拌制时,各组分材料应采用质量计量。

(3) 砌筑砂浆应采用机械搅拌,自投料完算起,搅拌时间应符合下列规定:

① 水泥砂浆和水泥混合砂浆不得少于 2 min;

② 水泥粉煤灰砂浆和掺用外加剂的砂浆不得少于 3 min;

③ 掺用有机塑化剂的砂浆,应为 3～5 min。

2. 干混砌筑砂浆

干混砌筑砂浆是采用高质量聚合物设计生产的专用改良干粉砂浆、优质石井水泥、精选细骨料和聚合物添加剂合理配比而成的改良水泥基干粉材料,在工地加水后按要求用机械加以搅拌即可使用。

1) 产品特性

(1) 和易性好,黏结力强,收缩率低,具有良好的施工性。

(2) 优良的保水性,在干燥砌块基面都能保证砂浆有效黏结。

(3) 加水即用,质量稳定,施工方便,低耗、质轻。

(4) 符合《预拌砂浆》(GB/T 25181—2010)中干混砌筑砂浆 M5 等级规定的技术要求。

(5) 干混砌筑砂浆须在干燥环境下贮存,未开封产品的保质期为 3 个月。

2) 适用范围

干混砌筑砂浆可用于建筑内外墙各类砌体(红砖、灰砂砖、空心砖、泡沫混凝土砌块、毛石等)的砌筑工程,适用湿法施工工艺,施工时须按要求淋湿砌块,一般用于非结构性修补及斜坡稳固、地台垫层。

3) 使用方法

(1) 基材表面洁净牢固,清除砌块表面的灰尘、油脂、颗粒等一切影响砂浆黏结性能的松散物。

（2）施工前，普通砖、空心砖应提前浇水湿润，含水率宜为 10%～15%；灰砂砖、粉煤灰砖含水率宜为 5%～8%。待砌块表面无明水后，才能进行砌筑工序。

（3）干混砌筑砂浆应随拌随用，不得将干混砌筑砂浆放在水中浸泡，应采用机械拌合。

（4）拌和干混砌筑砂浆的水必须用洁净水，灰水比为 1∶0.12（使用 1000 kg 砂浆，配 120 kg 洁净水），拌合时间为 3～5 min，让砂浆与水充分拌和至没有结团块状，即可施工。

（5）用锯齿镘刀将砌筑砂浆满批在砌块的砌筑面上，施工厚度为 5～10 mm。

（6）砌块砌筑完毕后，应立即清除砌块表面多余的浆料。

（7）如果施工期间最高气温超过 30 ℃，则调好的浆料必须在拌成后 3 h 内使用完毕。

（8）干混砌筑砂浆在常温下即可硬化，通常室内施工时无须洒水养护，而在高温干燥天气下需洒水养护，确保其强度的稳定。

5.1.6　砌筑砂浆试块留置规定

1．相关规范规定

《砌体结构工程施工质量验收规范》（GB 50203—2011）规定：

（1）每一检验批且不超过 250 m³ 砌体的各种类型强度等级的砌筑砂浆，每台搅拌机至少抽检一次；

（2）在砂浆搅拌机出料口随机取样制作砂浆试块（同盘砂浆只应制作一组试块）；

（3）砂浆强度以标准养护，龄期 28 d 的试块抗压试验结果为准。

2．砌筑砂浆试块留置具体要求

（1）每一楼层不分施工段且砌体不超过 250 m³ 时，每层留置一组试块。每层砌体超过 250 m³ 时，每 250 m³ 砌体留置一组试块。

（2）每一楼层划分施工段，且每施工段砌体不超过 250 m³ 时，每施工段留置一组试块。每施工段砌体超过 250 m³ 时，每 250 m³ 砌体留置一组试块。

5.1.7　砂浆强度检验

砌筑砂浆试块强度验收时，其强度合格标准必须符合下列规定。

（1）同一验收批砂浆试块抗压强度平均值必须大于或等于设计强度等级所对应的立方体抗压强度。

（2）同一验收批砂浆试块抗压强度的最小一组平均值必须大于或等于设计强度等级所对应的立方体抗压强度的 0.75 倍。

（3）砂浆强度应以标准养护龄期为 28 d 的试块抗压试验结果为准。

（4）抽检数量：每一检验批且不超过 250 m³ 砌体中的各种类型及强度等级的砌筑砂浆，每台搅拌机应至少抽查一次。

（5）检验方法：在砂浆搅拌机出料口随机取样制作砂浆试块（同盘砂浆只应制作一组试块），最后检查试块强度试验报告单。

5.2 墙体砌筑一般要求

（1）砌体结构工程所用的材料应有产品合格证书、产品型式检测报告，质量应符合国家现行有关标准的要求。块材、水泥、钢筋、外加剂尚应有材料主要性能的进场复验报告，并应符合设计要求。严禁使用国家明令淘汰的材料。

（2）砌筑顺序应符合下列规定。

① 基底标高不同时，应从低处砌起，并由高处向低处搭砌。当设计无要求时，搭接长度 L 不应小于基础底的高差 H，搭接长度范围内，下层基础应扩大砌筑。

② 砌体的转角处和交接处应同时砌筑。当不能同时砌筑时，应按规定留槎、接槎。

（3）砌筑墙体应设置皮数杆。

（4）在墙上留置临时施工洞口，其侧边离交接处墙面不应小于 500 mm，洞口净宽度不应超过 1 m。抗震设防烈度为 9 度的地区建筑物的临时施工洞口位置，应会同设计单位确定。临时施工洞口应做好补砌。

（5）不得在下列墙体或部位设置脚手眼：

① 120 mm 厚墙、清水墙、料石墙、独立柱和附墙柱；

② 过梁上与过梁成 60°的三角形范围及过梁净跨度 1/2 的高度范围内；

③ 宽度小于 1 m 的窗间墙；

④ 门窗洞口两侧石砌体 300 mm，其他砌体 200 mm 范围内；转角处石砌体 600 mm，其他砌体 450 mm 范围内；

⑤ 梁或梁垫下及其左右 500 mm 范围内；

⑥ 设计不允许设置脚手眼的部位；

⑦ 轻质墙体；

⑧ 夹心复合墙外叶墙。

（6）脚手眼补砌时，应清除脚手眼内掉落的砂浆、灰尘；脚手眼处砖及填塞用砖应湿润，并应填实砂浆。

（7）设计要求的洞口、沟槽、管道应于砌筑时正确留出或预埋，未经设计同意，不得打凿墙体和在墙体上开凿水平沟槽。宽度超过 300 mm 的洞口，应在其上部设置钢筋混凝土过梁。不应在截面长边小于 500 mm 的承重墙体、独立柱内埋设管线。

（8）砌筑完基础或每一楼层后，应校核砌体的轴线和标高。在允许偏差范围内，轴线偏差可在基础顶面或楼面上校正，标高偏差宜通过调整上部砌体灰缝厚度校正。

（9）搁置预制梁、板的砌体顶面应平整，标高一致。

（10）雨天不宜在露天环境下砌筑墙体，对下雨当日砌筑的墙体应进行遮盖。继续施工时，应复核墙体的垂直度，如果垂直度超过允许偏差，应拆除重新砌筑。

（11）砌体施工时，楼面和屋面堆载不得超过楼板的允许荷载值。当施工层进料口处施工荷载较大时，楼板下宜采取临时支撑措施。

（12）正常施工条件下，砖砌体、小砌块砌体每日砌筑高度宜控制在 1.5 m 或一步脚手架高度内；石砌体不宜超过 1.2 m。

5.3　砖　基　础

砖基础是以砖为砌筑材料形成的建筑物基础。砖基础砌筑是我国传统的砖木结构砌筑方法,现代常与混凝土结构配合修建住宅、校舍、办公楼等低层建筑。

5.3.1　施工前准备

(1)清理:将基础垫层表面清扫干净。

(2)修整:用水准仪复核基础垫层上表面标高,如高差超过 30 mm,应采用 C15 以上细石混凝土找平,不得仅用砂浆填平。

(3)放线:利用墙体定位轴线桩或标志板(龙门板),在基础垫层表面上放出基础中心线,依基础中心线向两侧(或四侧)放出基础底面宽度线,放线后还要进行一次复核。

(4)立皮数杆:根据基础剖面图、砖的规格及灰缝厚度等制作基础皮数杆,杆上应画出室内地面线、各皮砖上边线、防潮层位置等。皮数杆立于基础转角处及交接处,并用水准仪复核皮数杆高低位置,使室内地面线与设计室内地面标高相一致。皮数杆之间的距离不宜超过 15 m,若超过此数应在中间加立。

(5)砖浇水:砖应提前 1~2 d 浇水湿润,普通砖含水率宜为 10%~15%。

(6)砖基础应采用烧结普通砖与水泥砂浆(或水泥混合砂浆)砌筑。

5.3.2　组砌形式

砖基础下部扩大部分称为"大放脚",大放脚有等高式大放脚和不等高式大放脚两种(图 5-1)。等高式大放脚是每砌二皮砖收进一次,每边各收进 1/4 砖长。不等高式大放脚是每砌二皮砖收进一次与每砌一皮砖收进一次相间,但最下一层为二皮砖,每边各收进 1/4 砖长。

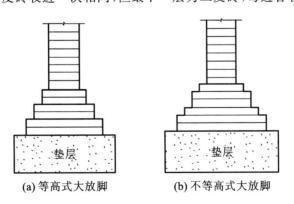

(a) 等高式大放脚　　　　　(b) 不等高式大放脚

图 5-1　砖基础大放脚形式

砖基础立面组砌形式应采用"一顺一丁"。砖基础最底下一皮砖及每层大放脚的最上一皮砖宜以丁砌为主。砖基础上、下皮竖向灰缝相互错开,错开距离不应小于 1/4 砖长。砖基础的水平灰缝厚度和竖向灰缝宽度宜为 10 mm,但不应小于 8 mm,也不应大于 12 mm。

砖基础的转角处应加砌七分头砖(3/4 砖)予以错缝。图 5-2 所示为二砖半宽大放脚(等高式)的分皮砌法。

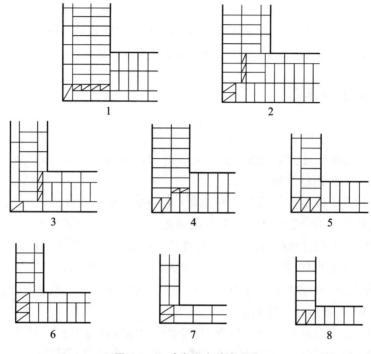

图 5-2　二砖半宽大放脚砌法

砖基础丁字接头处,应隔皮在横基础端头加砌七分头砖,隔皮纵基础砌通。在十字交接处,横基础与纵基础应隔皮砌通。

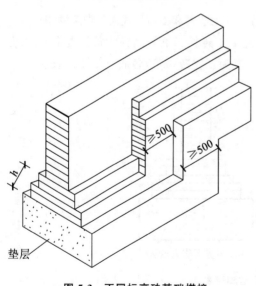

图 5-3　不同标高砖基础搭接

砖基础底标高不同时,应从低处砌起,并由高处向低处搭接,如设计无要求,搭接长度不应小于大放脚的高度,并不小于 500 mm(图 5-3)。

砖基础可先砌转角处、交接处几皮砖,再拉准线砌中间部分。纵、横基础应同时砌筑。

砖基础的临时间断处应砌成斜槎。

砖基础中的洞口、管道和预埋件等应于砌筑时正确留出或预埋。洞口宽度超过 300 mm 的应在其上部设置钢筋混凝土过梁。

砖基础中的防潮层,如设计无具体要求,宜用 1:2.5 的水泥砂浆加适量防水剂铺设,其厚度一般为 20 mm。

砌完基础后应及时回填,回填土应从基础两侧同时进行。如单侧填土应在砖基础达到侧向承载能力和满足允许变形要求后进行。

5.4　实 心 砖 墙

5.4.1　墙体

1. 施工前准备

(1) 清理:将基础顶面清扫干净。

(2) 放线:利用墙体定位轴线桩或标志板,在基础顶面上放出墙体定位轴线(或墙体中心线),依此线向两侧放出墙体边线。

(3) 立皮数杆:根据墙体剖面图、砖的规格及灰缝厚度等制作墙体皮数杆,杆上应画出室内地面线、各皮砖厚度、灰缝厚度、墙内各构件(如过梁、圈梁、门窗等)的高度及标高位置等。皮数杆立于墙体转角处及交接处,并用水准仪复核皮数杆高低位置,使皮数杆上的室内地面线与设计室内地面标高相一致。皮数杆之间的距离不宜超过 15 m。

(4) 砖浇水:砖应提前 1~2 d 浇水湿润,烧结普通砖、免烧砖含水率宜为 10%~15%;蒸压灰砂砖、粉煤灰砖含水率宜为 5%~8%。

(5) 搭脚手架:当墙砌高 1.2 m 以上时就需要搭设脚手架,清水外墙宜采用外脚手架,内墙宜采用里脚手架。

2. 材料要求

实心砖墙可采用烧结普通砖、蒸压灰砂砖、免烧砖或粉煤灰砖与水泥混合砂浆砌筑。对于 6 层及 6 层以上房屋的外墙、潮湿房间的墙以及受振动或层高大于 6 m 的墙,砖的强度等级不应低于 MU10,砂浆强度等级不应低于 M2.5。

3. 组砌形式

实心砖墙的厚度有半砖(115 mm)、一砖(240 mm)、一砖半(365 mm)、二砖(490 mm)、二砖半(615 mm)等。个别情况下可砌成 3/4 砖(180 mm)、5/4 砖(303 mm)。

实心砖墙的立面组砌形式有全顺、一顺一丁、梅花丁、三顺一丁等(图 5-4)。

全顺是每皮砖都顺砌,上下皮竖向灰缝相互错开 1/2 砖长,适合砌半砖厚墙。

一顺一丁是一皮顺砖与一皮丁砖相间,上下皮竖向灰缝相互错开 1/4 砖长,适合砌一砖及一砖厚以上的墙。

梅花丁是同皮中顺砖与丁砖相间,上皮丁砖坐中于下皮顺砖,上下皮竖向灰缝相互错开 1/4 砖长,适合砌一砖及一砖半厚的墙。

三顺一丁是三皮顺砖与一皮丁砖相间,上下皮顺砖竖向灰缝相互错开 1/2 砖长;上皮顺砖与下皮丁砖竖向灰缝相互错开 1/4 砖长,适合砌一砖厚以上的墙。

实心砖墙的水平灰缝厚度和竖向灰缝宽度宜为 10 mm,但不应小于 8 mm,也不应大于 12 mm。水平灰缝的砂浆饱满度不得小于 80%,竖向灰缝宜采用挤浆或加浆方法,不得出现

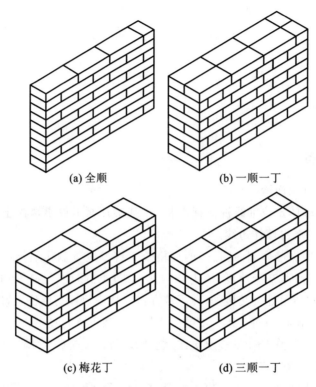

(a) 全顺　　　　　　　　　　(b) 一顺一丁

(c) 梅花丁　　　　　　　　　　(d) 三顺一丁

图 5-4　实心砖墙立面组砌形式

透明缝,严禁用水冲浆灌缝。

　　实心砖墙的转角处应加砌七分头砖。图 5-5 所示为一顺一丁砖墙转角分皮砌法。图 5-6 所示为梅花丁砖墙转角分皮砌法。

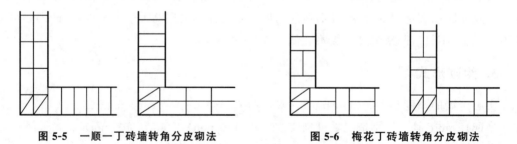

　　图 5-5　一顺一丁砖墙转角分皮砌法　　　　　　**图 5-6　梅花丁砖墙转角分皮砌法**

　　实心砖墙的丁字交接处,应隔皮在横墙端头加砌七分头砖,纵墙隔皮砌通。图 5-7 所示是一顺一丁砖墙丁字交接处分皮砌法。图 5-8 所示是梅花丁砖墙丁字交接处分皮砌法。

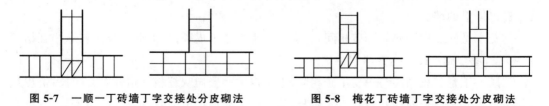

　图 5-7　一顺一丁砖墙丁字交接处分皮砌法　　　**图 5-8　梅花丁砖墙丁字交接处分皮砌法**

　　实心砖墙的临时间断处应砌成斜槎,斜槎长度不应小于斜槎高度的 2/3,斜槎高度不得超过一步脚手架的高度(图 5-9)。

实心砖墙临时间断处如果留斜槎困难,除砖墙转角处外,可留直槎,但直槎必须砌成凸槎,并加设拉结钢筋。拉结钢筋的数量为每半砖墙厚放置 1 φ6 拉结钢筋;间距沿墙高不得超过 500 mm;钢筋埋入长度从墙的留槎处算起,每边均不应小于 500 mm;钢筋末端应有直角弯钩(图 5-10)。抗震设防地区砖墙不得留直槎。

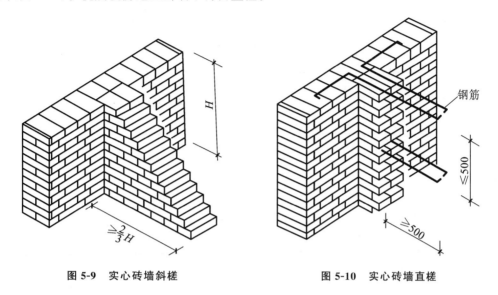

图 5-9　实心砖墙斜槎　　　　　　　　图 5-10　实心砖墙直槎

砖墙接槎时,必须将接槎处的表面清理干净、浇水湿润,并应填实砂浆,保持灰缝平直。

每层楼承重墙的最上一皮砖应是整砖丁砌。在梁或梁垫下面、墙厚变化处以及砖挑檐等处也应是整砖丁砌。

5.4.2　砖垛

砖垛是以砖为建筑材料砌筑而成的墙或某些建筑物凸出的部分,是建筑中重要的组成部分,常布置于墙的转角及纵横墙交接处,用以承重,相当于柱子,其上布梁。

1．施工前准备

砖垛砌筑前的准备与实心砖墙相同。

2．材料要求

砖垛宜用烧结普通砖与水泥混合砂浆砌筑。砖的强度等级不应低于 MU7.5,砂浆强度等级不应低于 M2.5。砖垛截面尺寸不应小于 125 mm×240 mm。

3．施工方法

砖垛的砌筑方法,应根据墙厚及垛的大小而定(图 5-11)。无论哪种砌法,应使垛与墙体逐皮搭砌,切不可分离砌筑。搭砌长度不小于 1/2 砖长(个别情况下最小为 1/4 砖长)。垛根据错缝需要,可加砌七分头砖或半砖。

砖垛砌筑应与墙体同时进行,不能先砌墙后砌垛或先砌垛后砌墙。砖垛灰缝要求同实心砖砌体。砖垛上不得留设脚手眼。

砖垛每日砌筑高度应与其附着墙体砌筑高度相等，不可一高一低。

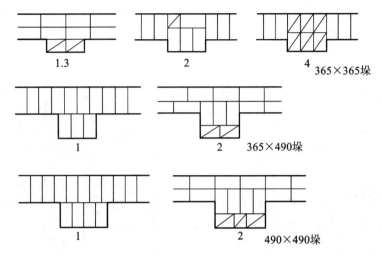

图 5-11　砖垛的砌筑方法

5.4.3　砖柱

1. 施工前准备

砖柱砌筑前，应根据柱高、砖的规格、灰缝厚度制作皮数杆，皮数杆上画出柱底标高、柱顶标高、砖厚度及灰缝厚度等。皮数杆不固定，随砖柱砌筑而移位；用于柱表面的砖，应选边角整齐、色泽均匀的整砖；砖提前 1～2 d 浇水湿润。

2. 材料要求

砖柱应用烧结普通砖与水泥砂浆（或水泥混合砂浆）砌筑。砖的强度等级不应低于 MU10，砂浆强度等级不应低于 M2.5。

3. 施工方法

砖柱的截面尺寸不应小于 240 mm× 365 mm。

砖柱一般都砌成矩形截面，依其截面大小有不同砌法（图 5-12）。无论哪种砌法，应使柱面上下皮的竖向灰缝相互错开 1/2 砖长或 1/4 砖长。在柱心无通天缝，少打砖，并尽量利用二分头砖。严禁采用包心砌法，即先砌四周后填心的砌法。包心柱从外面看来无通缝，但其中间部分有通天缝。包心柱整体性差、抗震性弱。

砖柱的水平灰缝厚度和竖向灰缝宽度宜为 10 mm。水平灰缝砂浆饱满度必须达到 80%以上，竖向灰缝砂浆应填实。

当几根同截面砖柱在一条直线上时，宜先砌两头的砖柱，再拉通线砌中间部分的砖柱。

在砖柱砌筑过程中，应经常用皮数杆检查砖皮高低情况，以免产生柱到顶时不够整皮砖的现象。

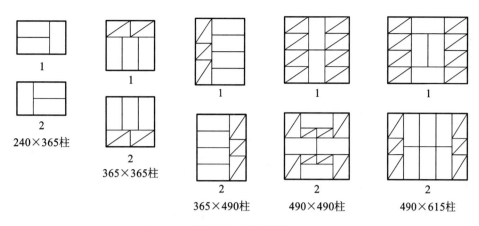

图 5-12 砖柱砌法

砖柱中不得留设脚手眼,砖柱每日砌筑高度不宜超过 1.5 m。

5.5 多 孔 砖 墙

1. 施工前准备

多孔砖墙施工前的准备与实心砖墙相同。

2. 材料要求

多孔砖墙可采用 M 型多孔砖或 P 型多孔砖与水泥混合砂浆砌筑。砂浆强度等级不应低于 M2.5。

M 型多孔砖墙厚度为 190 mm(个别情况下可采用 390 mm)。其立面组砌形式只有全顺一种,上下皮竖向灰缝相互错开 100 mm,砖内手抓孔平行于墙长(图 5-13)。

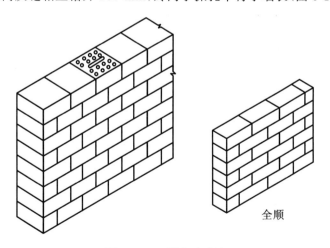

全顺

图 5-13 M 型多孔砖墙

3. 施工方法

P 型多孔砖墙厚度有 115 mm、240 mm 两种,其立面组砌形式有全顺、一顺一丁、梅花丁三种。全顺的上下皮竖向灰缝相互错开 120 mm;一顺一丁、梅花丁的上下皮竖向灰缝相互错开 60 mm(图 5-14)。

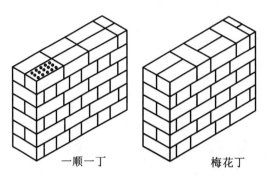

一顺一丁　　　　　梅花丁

图 5-14　P 型多孔砖墙

多孔砖墙的孔洞应呈垂直方向,砌筑前应试摆。

多孔砖墙的水平灰缝厚度和竖向灰缝宽度宜为 10 mm,但不应小于 8 mm,也不应大于 12 mm。水平灰缝砂浆饱满度不得小于 80%,竖向灰缝要刮浆适宜并加浆填灌,不得出现透明缝,严禁用水冲浆灌缝。

M 型多孔砖墙的转角处应加砌半砖。丁字交接处在横墙端头隔皮加砌半砖,纵墙隔皮砌通(图 5-15)。

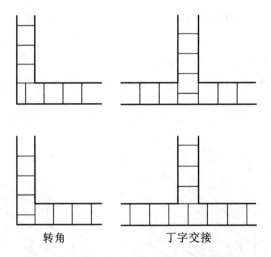

转角　　　　　　丁字交接

图 5-15　M 型多孔砖墙转角及丁字交接处砌法

P 型多孔砖墙的转角处应加砌七分头砖。丁字交接处在横墙端头隔皮加砌七分头砖,纵墙隔皮砌通(图 5-16)。

多孔砖墙的临时间断处应砌成斜槎。M 型多孔砖墙的斜槎长度不应小于斜槎高度。P 型多孔砖墙的斜槎长度不应小于斜槎高度的 2/3(图 5-17)。

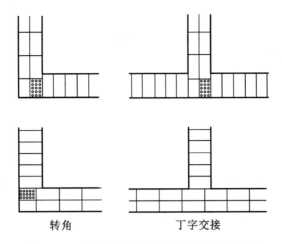

转角　　　　　　　　丁字交接

图 5-16　P 型多孔砖墙转角及丁字交接处砌法

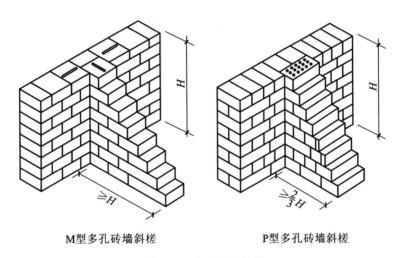

M型多孔砖墙斜槎　　　　　　P型多孔砖墙斜槎

图 5-17　多孔砖墙斜槎

5.6　砌 块 砌 体

5.6.1　混凝土小型空心砌块砌体

混凝土小型空心砌块(简称混凝土小砌块)可用于砌筑基础和墙体。砌筑基础时应将其孔洞用 C15 混凝土灌实,并用强度等级不低于 M5 的水泥砂浆抹平。砌筑墙体时,应采用强度等级不低于 MU5 的小砌块和 M5 的砌筑砂浆。

在墙体的下列部位,应用 C15 混凝土灌实砌块的孔洞:

(1)无圈梁的楼板支承面下的一皮砌块;

(2)没有设置混凝土垫块的次梁支承处,灌实宽度不应小于 600 mm,高度不小于一皮砌块;

(3)挑梁的悬挑长度不小于 1.2 m 时,其支承部位的内外墙交接处,纵横各灌实 3 个孔洞,灌实高度不少于三皮砌块。

墙体如作为后砌非承重隔墙或框架间填充墙,沿墙高每隔三皮砌块(600 mm)应与承重墙或柱内预留的钢筋网片或 $2\phi6$ 钢筋拉结,钢筋网片或拉结钢筋伸入混凝土小砌块墙内的长度不应小于 600 mm(图 5-18)。

墙体的下列部位宜设置芯柱。

(1)在外墙转角、楼梯间四角的纵横墙交接处的 3 个孔洞,宜设置素混凝土芯柱。

(2)5 层及 5 层以上的房屋,应在上述部位设置钢筋混凝土芯柱。芯柱截面与砌块孔洞截面相同(截面尺寸不小于 120 mm×120 mm),宜用强度等级不低于 C15 的细石混凝土浇筑。钢筋混凝土芯柱每孔内竖向插筋不应小于 $1\phi10$,底部应伸入室内地面下 500 mm 或与基础圈梁锚固,顶部与屋盖圈梁锚固。在钢筋混凝土芯柱处,沿墙高每隔三皮砌块(600 mm)应在水平灰缝中设钢筋网片拉结,钢筋网片每边伸入墙体不小于 600 mm(图 5-19)。

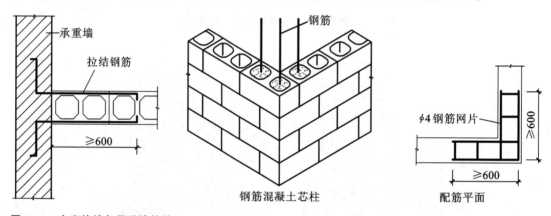

图 5-18 小砌块墙与承重墙拉结   图 5-19 钢筋混凝土芯柱

钢筋混凝土芯柱应沿房屋全高贯通,并与各层圈梁整体现浇,可采用图 5-20 的做法。

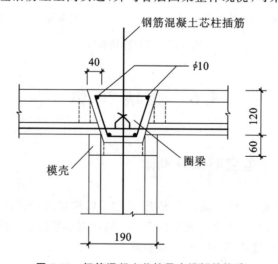

图 5-20 钢筋混凝土芯柱贯穿楼板的构造

在抗震设防地区的混凝土小砌块房屋,应按表 5-1 的要求设置钢筋混凝土芯柱;对医院、教学楼等横墙较少的房屋,应根据房屋增加一层后的层数,按表 5-1 的要求设置钢筋混凝土芯柱。钢筋混凝土芯柱竖向插筋应贯通墙体且与圈梁连接;插筋不应小于 $1\phi2$。钢筋混凝土芯柱贯穿楼板处,当采用预制装配式钢筋混凝土楼板时,可采用图5-21的做法。在墙体交接处或钢筋混凝土芯柱与墙体相接处,应沿墙高每隔600 mm在水平灰缝中设置钢筋网片,网片可用钢筋点焊而成,每边伸入墙内不宜小于1 m。

表 5-1　混凝土砌块房屋钢筋混凝土芯柱设置要求

| 房屋层数 | | | 设 置 部 位 | 设 置 数 量 |
6 度	7 度	8 度		
四	三	二	外墙转角,楼梯间四角; 大房间内外墙交接处	外墙转角灌实3个孔;内外墙交接处灌实4个孔
五	四	三		
六	五	四	外墙转角,楼梯间四角,大房间内外墙交接处,山墙与内纵墙交接处,隔开间横墙(轴线)与外纵墙交接处	
七	六	五	外墙转角,楼梯间四角,各内墙(轴线)与外墙交接处;抗震设防烈度8度时,设置在内纵墙与横墙(轴线)交接处和洞口两侧	外墙转角灌实5个孔;内外墙交接处灌实4个孔;内墙交接处灌实4~5个孔;洞口两侧各灌实1个孔

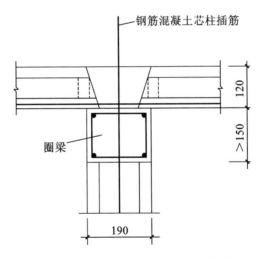

图 5-21　抗震区钢筋混凝土芯柱贯穿楼板

5.6.2　混凝土小砌块墙砌筑

1. 准备工作

(1)检查混凝土小砌块的龄期及干湿情况,龄期不足 28 d 及潮湿的小砌块不得砌筑。

(2)清除小砌块表面污物和钢筋混凝土芯柱用小砌块孔洞底部的毛边。

(3)对砌筑承重墙的小砌块应进行挑选,不得使用断裂小砌块或壁肋中有竖向凹形裂缝的小砌块。

(4)小砌块不宜浇水,当天气干燥炎热时,可在小砌块上喷少量水湿润。

(5)对基础进行检查,并在基础顶面放出小砌块墙体的中心线及两侧边线。

（6）按照每层楼的墙体高度，计算出小砌块皮数及灰缝厚度，据此制作皮数杆。

（7）皮数杆应竖立于墙体转角处或交接处，皮数杆间距不宜超过 15 m。

2. 墙体施工要求

混凝土小砌块墙应从转角处或交接处开始，内外墙同时砌筑。尽量采用主规格小砌块，只有在不够主规格处，才可采用辅规格砌块，但不得用小砌块与黏土砖混砌。小砌块底面应向上。

各皮小砌块应对孔错缝搭砌，上下皮竖向灰缝相互错开 200 mm。个别情况无法对孔砌筑时，上下皮小砌块错缝搭接长度不应小于 90 mm。当不能保证此规定时，应在水平灰缝中设置 $2\phi6$ 拉结钢筋，拉结钢筋长度不应小于 700 mm；也可采用钢筋网片，网片用 $\phi4$ 钢筋点焊（图 5-22）。

在墙体转角处，应使纵横墙小砌块隔皮露头，并用水泥砂浆将露头面抹平（图 5-23）。在墙体丁字交接处，应使横墙小砌块隔皮露头，而在纵墙加砌 3 孔小砌块（590 mm×190 mm×190 mm），露头小砌块坐中于 3 孔砌块（对孔）。如果用主规格砌块在丁字交接处砌筑，则会出现三皮砌块高的通缝，这是不允许的。如果丁字接头处不设钢筋混凝土芯柱，也可用 1 孔半小砌块（290 mm×190 mm×190 mm）加砌，露头砌块坐中于 1 孔半小砌块的竖向灰缝（图 5-24）。

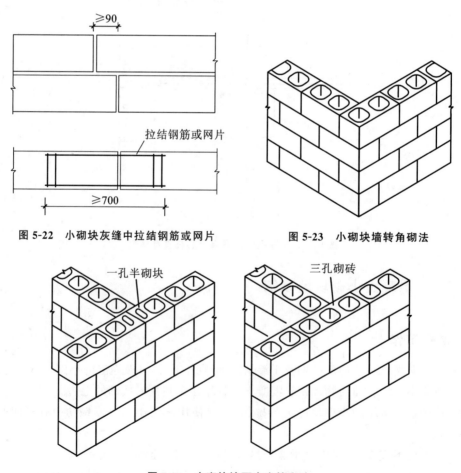

图 5-22 小砌块灰缝中拉结钢筋或网片   图 5-23 小砌块墙转角砌法

图 5-24 小砌块墙丁字交接砌法

混凝土小砌块墙的灰缝应横平竖直,全部灰缝均应填满砂浆。水平灰缝的砂浆饱满度不得低于 90％,竖向灰缝的砂浆饱满度不得低于 80％,不得出现瞎缝、透明缝。

墙体的水平灰缝厚度和竖向灰缝宽度应控制在 8～12 mm,砌筑时严禁用水冲浆灌缝。

墙体临时间断处应砌成斜槎,斜槎长度不应小于斜槎高度的 2/3,斜槎高度一般按一步脚手架高度控制(图 5-25)。如留斜槎有困难,除外墙转角处及抗震设防地区外,可从墙面伸出 200 mm 砌成直槎,并沿墙高每隔三皮砌块(600 mm)在水平灰缝中设置拉结钢筋或钢筋网片,拉结钢筋用 2ϕ6 钢筋,钢筋网片用 ϕ4 钢筋点焊,拉结钢筋和钢筋网片伸出长度均不应小于 600 mm(图 5-26)。

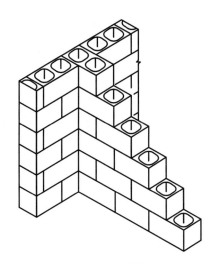

图 5-25　小砌块墙斜槎

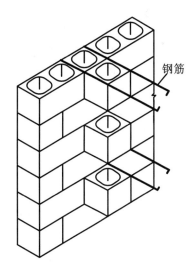

图 5-26　小砌块墙直槎

小砌块墙体内不宜设脚手眼。如必须设置时,可用尺寸为 190 mm×190 mm×190 mm 的小砌块侧砌,利用其孔洞作脚手眼,砌筑完工后,用 C15 混凝土填实。但在墙体下列部位不得设置脚手眼:

(1) 过梁上部,与过梁成 60°的三角形及过梁跨度 1/2 范围内;

(2) 宽度不大于 800 mm 的窗间墙;

(3) 梁和梁垫下及其左右各 500 mm 的范围内;

(4) 门窗洞口两侧 200 mm 内和墙体交接处 400 mm 的范围内;

(5) 设计规定不允许设脚手眼的部位。

对设计规定的洞口、管道、沟槽和预埋件等,应在砌筑时预留或预埋,严禁在砌好的墙体上打凿。不得预留水平沟槽。

在墙体中需要留设临时施工洞口,洞口侧边离墙体交接处的墙面不应小于 600 mm;洞口顶部应设钢筋混凝土过梁;填砌洞口的砌筑砂浆强度应提高一级。

每日砌筑高度应根据气温、风压、小砌块强度等级等不同情况分别控制,常温条件下的日砌筑高度应控制在 1.8 m 以内。

清水墙面应随砌随勾缝,勾缝要求光滑、密实、平整。当缺少辅规格小砌块时,墙体通缝不应超过两皮砌块高。

拉结钢筋或网片必须按规定放在水平灰缝内,不得漏放,其外露部分不得随意弯折。

对墙体表面的平整度和垂直度、灰缝厚度和灰缝砂浆饱满度应随时检查,校正偏差。在砌完每一楼层后,应校核墙体的轴线尺寸和标高。允许范围内的轴线及标高的偏差,可在楼板面上予以校正。

墙体相邻工作段的高度差不得大于一个楼层高或 4 m。

3. 芯柱施工要求

芯柱部位宜采用不封底的通孔小砌块,当采用半封底小砌块时,必须打掉孔洞毛边。

在楼(地)面砌筑第一皮小砌块时,在芯柱底部用开口砌块(或 U 形砌块)砌出操作孔,在操作孔侧面宜留连通孔。

待砌筑砂浆强度达到 1 MPa 以上时,方可浇灌芯柱混凝土。

浇灌芯柱混凝土前,必须清除芯柱孔洞内的杂物及削掉孔内壁粘挂的砂浆块,用水冲洗干净;校正钢筋位置并绑扎或焊接固定;芯柱钢筋应与基础或基础梁中的预埋钢筋连接,上下楼层的钢筋可在楼板面上搭接,搭接长度不应小于 40d。

芯柱混凝土应采用 C15 细石混凝土,其坍落度不应小于 50 mm。砌完一个楼层高度后,应连续浇灌芯柱混凝土。浇灌前先注入适量水泥砂浆(混凝土中去掉石子),以后每浇灌 400~500 mm 高度捣实一次,或边浇灌边捣实,严禁灌满一个楼层后再捣实。捣实宜采用插入式振动器。

芯柱施工中,应设专人检查混凝土灌入量。

5.6.3 轻骨料混凝土小型空心砌块砌体

轻骨料混凝土小型空心砌块(简称轻骨料混凝土小砌块)可用于砌筑墙体,不能用于砌筑基础。承重墙体所用小砌块强度等级不应低于 MU5,砌筑砂浆强度等级不低于 M5。

轻骨料混凝土小砌块墙的构造要求和砌筑要点与混凝土小砌块墙基本相同,但有以下七个方面不同。

(1)灌实孔洞的混凝土应采用 C15 轻骨料混凝土。

(2)在纵横交接处和洞口两侧均应设置钢筋混凝土芯柱。外墙转角处应灌实 7 个孔;内外墙交接处应灌实 5 个孔,其中内墙灌实 2 个孔;门窗洞口两侧各灌实 1~2 个孔。当地震设防烈度为 8 度时,按此要求设置芯柱,其插筋直径不应小于 ϕ16。

(3)在外墙采用轻骨料混凝土双排孔或多排孔小砌块而不能设置钢筋混凝土芯柱时,应按照《建筑抗震设计规范》(GB 50011—2010)的要求设置钢筋混凝土构造柱。

(4)轻骨料混凝土小砌块砌筑前可洒水,但不宜过多。

(5)上下皮小砌块无法对孔砌筑时,竖向灰缝错开长度不应小于 120 mm。当不能保证此规定时,应在水平灰缝中设置拉结钢筋或网片。

(6)非承重轻骨料混凝土小砌块墙中不得留设脚手眼。

(7)轻骨料混凝土小砌块墙的每日砌筑高度应控制在 2.4 m 以内。

5.6.4 蒸压加气混凝土砌块砌体

1. 墙体构造要求

蒸压加气混凝土砌块(简称加气混凝土砌块)可用于砌筑墙体。承重墙所用砌块强度等级不应低于 MU5,砌筑砂浆强度等级不低于 M5。

承重墙的转角处、丁字交接处及十字交接处,应沿墙高每隔 1 m 左右,在水平灰缝中设置拉结钢筋,拉结钢筋为 3φ6 钢筋,山墙部位沿墙高每隔 1 m 左右应附加 φ6 通长钢筋(图 5-27)。

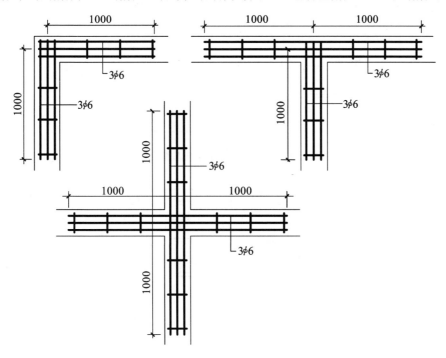

图 5-27 承重墙的拉结钢筋

非承重的隔墙在其转角处、T 字交接处及与柱相接处 1 m 左右,在水平灰缝中设置 2φ6 拉结钢筋(图 5-28)。在窗洞口下面砌块的水平灰缝内,应设置 3φ6 加固钢筋,钢筋两头应伸过窗洞口侧边 500 mm(图 5-29)。

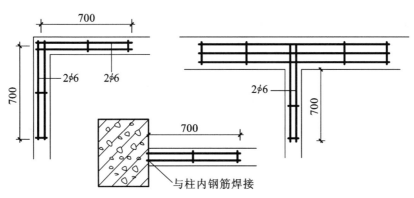

图 5-28 非承重隔墙的拉结钢筋

在门窗洞口上部可配置钢筋砌块过梁或钢筋混凝土过梁(图 5-30)。

2. 加气混凝土砌块墙砌筑

加气混凝土砌块墙砌筑前,应做好以下准备。

(1) 按照墙体立面及砌块规格,绘制各个墙体的砌块排列图。

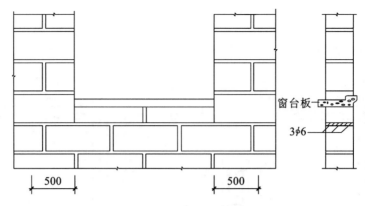

图 5-29　窗洞下的加固钢筋

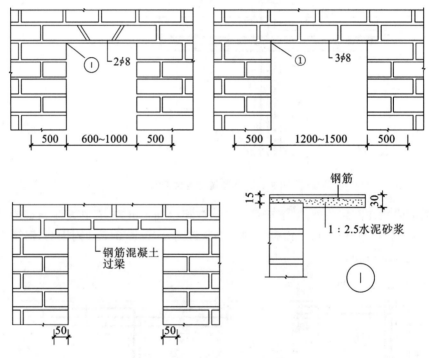

图 5-30　门窗洞口上的过梁

（2）根据砌块排列图制作相应的皮数杆,皮数杆竖立于承重墙的转角处及交接处,皮数杆间距不应超过 15 m。砌室内隔墙可不用皮数杆。

（3）清除砌块上污物,含水率大于 15% 的砌块应待其晾干后才能使用。

（4）准备砌筑用铺灰铲、刀锯(用木工厂废旧锯条改制)、平直夹等专用工具。

加气混凝土砌块墙宜从转角处或交接处开始砌筑,内外墙同时砌起。

上下皮砌块应错缝搭接,搭接长度不宜小于砌块长度的 1/3,并不小于 150 mm;如不能满足时,应在水平灰缝中设置 2ϕ6 拉结钢筋或 ϕ4 钢筋网片,拉结钢筋或网片的长度不应小于 700 mm(图 5-31)。

墙体灰缝应横平竖直,砂浆饱满。水平灰缝砂浆饱满度不应小于 90%。竖向灰缝砂浆饱满度不应小于 80%。水平灰缝厚度不得大于 15 mm,竖向灰缝宽度不得大于 20 mm。

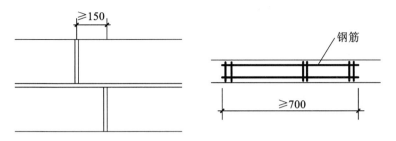

图 5-31　水平灰缝中拉结筋

墙体的转角处应使纵横墙的砌块隔皮露头。墙体的丁字交接处应使横墙的砌块隔皮露头(图 5-32)。

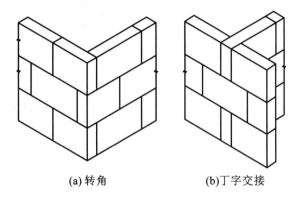

(a)转角　　　　　　　(b)丁字交接

图 5-32　加气混凝土砌块墙转角及丁字交接处砌法

墙体的临时间断处最好留在洞口侧边,无洞口处留槎应砌成斜槎,不得留直槎。

切割砌块应用专用刀锯,不得用斧或瓦刀任意砍劈。

不同干容重和强度等级的加气混凝土砌块不应混砌。加气混凝土砌块也不得和其他砖或砌块混砌。填充墙底、顶部及门窗洞口处局部采用普通砖或多孔砖砌筑不视为混砌。

用加气混凝土砌块砌筑填充墙时,墙的底部应砌普通砖或多孔砖,其高度不宜小于 200 mm。

加气混凝土砌块填充墙砌至接近上层梁、板底时,宜用普通砖斜砌挤紧,砌筑砂浆应饱满。

加气混凝土砌块墙上不宜留设脚手眼。

5.7　混凝土构造柱

在砌体房屋墙体的规定部位按构造配筋,并按先砌墙后浇灌的施工顺序制成的混凝土柱,通常称为混凝土构造柱,简称构造柱。

5.7.1　构造柱设置

墙体构造柱的位置应按设计确定,如设计无要求,一般按以下要求设置:

(1)上人屋面的女儿墙;

（2）较大洞口（≥3.0 m）的两侧；

（3）纵横墙交界处；

（4）构造柱的间距，一般不宜大于 5 m。

5.7.2　马牙槎要求

（1）构造柱与墙体连接处应砌成马牙槎，马牙槎应先退后进，标准砖马牙槎尺寸为 60 mm，多孔砖、加气砖为 90 mm（图 5-33）。

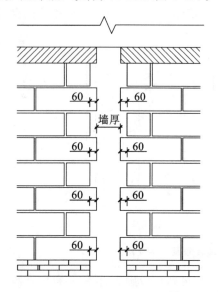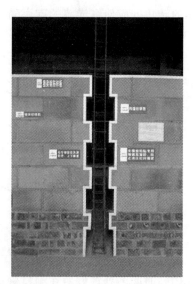

图 5-33　马牙槎设置

（2）每一组马牙槎高度不应超过 300 mm。

（3）不得削弱构造柱截面尺寸。

（4）砌筑构造柱马牙槎时应注意埋设拉结筋。

（5）砖砌体马牙槎砌筑前应完成构造柱的钢筋绑扎。

5.7.3　构造柱钢筋要求

构造柱钢筋上下端应在楼板混凝土浇筑前进行预埋，并应确保位置准确，上下层预埋钢筋对齐，如漏埋需补设的，应按植筋要求进行补植钢筋。箍筋加密范围应按设计要求，每根构造柱竖向主筋应实测实量梁底高度后对应下料，避免出现构造柱筋不到梁底或超过梁底的情况。

5.7.4　构造柱模板安装及混凝土浇筑

为确保构造柱的混凝土浇筑质量，构造柱模板应采用螺杆拉结固定。构造柱梁底处模板安装如图 5-34 所示。

图 5-34　构造柱梁底处模板安装

为减少漏浆,建议在构造柱沿砖墙边贴泡沫条。

振捣时宜采用小型振动棒,并边振捣边敲打模板,确保混凝土填充密实。

第6章　预应力混凝土工程

6.1　预应力混凝土的概述

6.1.1　预应力混凝土的产生

由于混凝土抗拉性能很差,使钢筋混凝土存在两个不能解决的问题:一是需要带裂缝工作,裂缝的存在,不仅使构件刚度下降很多,而且不能应用于不允许开裂的结构中;二是从保证结构耐久性出发,必须限制裂缝开展宽度,这使得高强度钢筋无法在钢筋混凝土结构中充分发挥其作用,相应地也不可能充分发挥高强度混凝土的作用。这样,当荷载增加时,只能通过增大钢筋混凝土构件中的截面尺寸或增加钢筋用量的方法来控制构件的裂缝和变形。这样做既不经济又必然使构件自重增加。采用预应力混凝土是解决这一矛盾的有效办法。

预应力混凝土能充分发挥高强度钢材的作用,即在外荷载作用于构件之前,利用钢筋张拉后的弹性回缩,对构件受拉区的混凝土预先施加压力,产生预压应力,使混凝土结构在作用状态下充分发挥钢筋拉抗强度高和混凝土抗压能力强的特点,可以提高构件的承载能力。当构件在荷载作用下产生拉应力时,首先抵消预应力,然后随着荷载不断增加,受拉区混凝土才受拉开裂,从而延迟了构件裂缝的出现和限制了裂缝的开展,提高了构件的抗裂度和刚度。这种利用钢筋对受拉区混凝土施加预压应力的钢筋混凝土,叫做预应力混凝土。

6.1.2　预应力混凝土的基本原理

预应力混凝土就是施工前在混凝土或钢筋混凝土中引入内部应力,且其数值和分布恰好能将使用荷载产生的应力抵消到一个合适的程度的混凝土。它是预先对混凝土或构件施加压应力,使之建立一种人为的应力状态。这种应力的大小和分布规律,能有利抵消使用荷载作用下产生的拉应力,因而使构件在使用荷载作用下不致开裂,或推迟开裂、减小裂缝开展的宽度,以提高构件抗裂度及刚度。

6.2　先　张　法

先张法是在浇筑混凝土之前,先张拉预应力钢筋,并将预应力筋临时固定在台座或钢模板上,待混凝土达到一定强度(一般不低于混凝土设计强度标准值的 75%),混凝土与预应力筋具有一定的黏结力时,放松预应力筋,在预应力的反弹力作用下,使构件受拉区的混凝土承受预压应力。先张法适用于构件厂生产中、小型构件(楼板、屋面板、吊车梁、薄腹梁等)。

6.2.1　先张法工艺流程

先张法工艺流程:张拉固定钢筋→浇混凝土→养护(至 75％强度)→放张钢筋。
先张法施工工艺如图 6-1 所示。

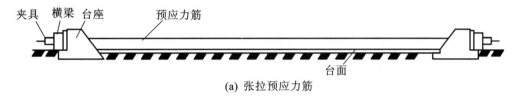

(a) 张拉预应力筋

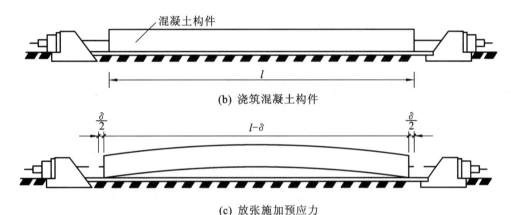

(b) 浇筑混凝土构件

(c) 放张施加预应力

图 6-1　先张法施工工艺

6.2.2　先张法的施工设备

1. 台座

台座由台面、横梁和承力结构组成,按构造形式不同,可分为墩式台座、槽形台座和桩式台座等。台座可成批生产预应力构件。台座承受全部预应力筋的拉力,故台座应具有足够的强度、刚度和稳定性,以免因台座变形、倾覆和滑移而引起预应力的损失。

(1) 要求:有足够的强度、刚度和稳定性;满足生产工艺的要求。

(2) 形式。

① 墩式(传力墩、台面、横梁)。墩式台座长度为 100~150 m,宽 2~4 m,适于中、小型构件。墩式台座的几种形式如图 6-2 所示。墩式长线台座如图 6-3 所示。

台座稳定性验算:台座的变形、滑移和倾角均会引起较大的应力损失,应进行稳定性验算。稳定性验算包括抗倾覆验算和抗滑移验算。

抗倾覆验算:

$$K=\frac{M_1}{M}=\frac{GL+E_pe_2}{Ne_1}\geqslant1.5 \qquad (6\text{-}1)$$

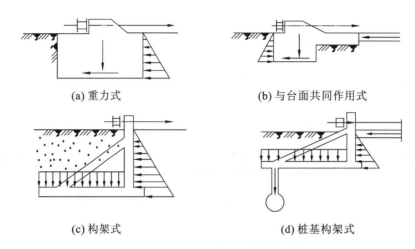

(a) 重力式　　　　　　　　　　　　(b) 与台面共同作用式

(c) 构架式　　　　　　　　　　　　(d) 桩基构架式

图 6-2　墩式台座的几种形式

图 6-3　墩式长线台座

式中　K——台座的抗倾覆安全系数;

M_1——抗倾覆力矩(kN·M);

M——由张拉力产生的倾覆力矩(kN·M);

N——预应力筋的张拉力(kN);

e_1——张拉力合力作用点至倾覆点的力臂(m);

G——台墩的自重力(kN);

L——台墩重心至倾覆点的力臂(m);

E_P——台墩后面的被动土压力合力(kN);

e_2——被动土压力合力至倾覆点的力臂(m)。

抗滑移验算:

$$K_c = \frac{N_1}{N} \geq 1.3 \qquad\qquad (6-2)$$

式中　K——抗滑移安全系数,不小于 1.3;

N_1——抗滑移的力(kN);

N——预应力筋的张拉力(kN)。

注：台墩与台面共同工作时，预应力筋的张拉力几乎全部传给了台面，可不进行抗滑移验算。

②槽式。槽式台座由端柱、传力柱、横梁和台面组成，既可承受张拉力和倾覆力矩，加盖后又可作为蒸汽养护槽。槽式台座适用于张拉吨位较大的吊车梁、屋架、箱梁等大型预应力混凝土构件。槽式台座长 45～76 m，适于双向预应力构件，易于蒸汽养护。槽式台座如图 6-4 所示。

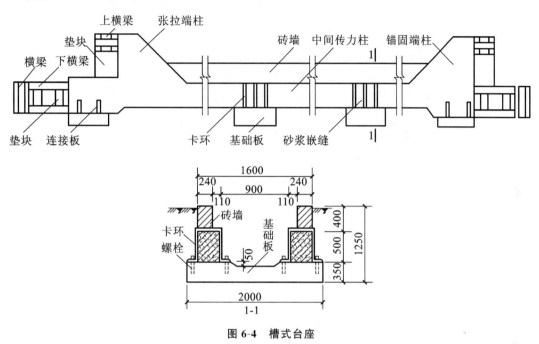

图 6-4　槽式台座

2. 夹（锚）具

夹（锚）具是先张法构件施工时保持预应力筋拉力，并将其固定在张拉台座（或设备）上的临时性锚固装置，按其工作用途不同分为夹片式锚具、钢筋锚固夹具和张拉夹具。

（1）夹片式锚具。

夹片式锚具（图 6-5）分为单孔夹片锚具和多孔夹片锚具，由工作锚板、工作夹片、锚垫板、螺旋筋组成，可锚固预应力钢绞线，也可锚固 7φ5、7φ7 的预应力钢丝束，主要用作张拉端锚具。夹片式锚具具有自动跟进、放张后自动锚固、锚固效率系数高、锚固性能好、安全可靠等特点。锥形夹具可分为圆锥齿板式夹具和圆锥槽式夹具，如图 6-6 所示。

（2）钢筋锚固夹具。

钢筋锚固常用圆套筒三片式夹具（图 6-7），由套筒和夹片组成。圆套筒三片式夹具的型号有 YJ12、YJ14，适用于先张法，用 YC—18 型千斤顶张拉时，适用于锚固直径为 12 mm、14 mm 的单根冷拉 HRB335、HRB400、RRB400 级钢筋。

（3）张拉夹具。

张拉夹具是夹持住预应力筋后，与张拉机械连接起来进行预应力筋张拉的机具。常用的张拉夹具有月牙形夹具、偏心式夹具、楔形夹具等，如图 6-8 所示，适用于张拉钢丝和直径16 mm 以下的钢筋。

图 6-5 夹片式锚具

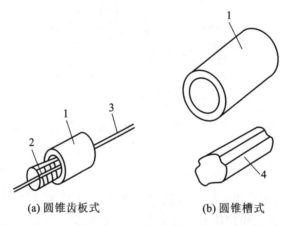

(a) 圆锥齿板式　　　　　(b) 圆锥槽式

图 6-6 锥形夹具

1—套筒;2—齿板;3—钢丝;4—锥塞

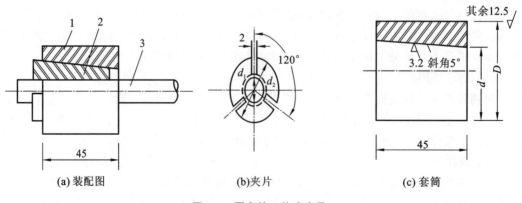

(a) 装配图　　　　　(b)夹片　　　　　(c) 套筒

图 6-7 圆套筒三片式夹具

1—套筒;2—夹片;3—预应力钢筋

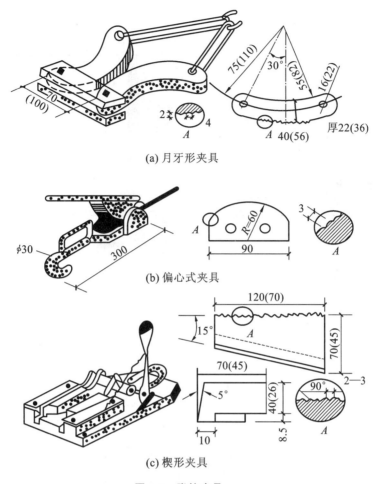

(a) 月牙形夹具

(b) 偏心式夹具

(c) 楔形夹具

图 6-8 张拉夹具

6.2.3 先张法的张拉设备

1. 钢丝张拉设备

钢丝张拉分单根张拉和成组张拉。张拉机具的张拉力应不小于预应力筋张拉力的 1.5 倍;张拉机具的张拉行程不小于预应力筋伸长值的 1.1~1.3 倍。用钢模板以机组流水法或传送带法生产构件时,常采用成组钢丝张拉。在台座上生产构件一般采用单根钢丝张拉,可采用电动卷扬机(图 6-9)、电动螺杆张拉机进行张拉(图 6-10)。

2. 钢筋张拉设备

钢筋张拉设备是一种利用双液压缸张拉预应力筋和顶压锚具的双作用千斤顶。它既可用于需要顶压的夹片锚的整体张拉,配上撑脚与拉杆后,还可张拉镦头锚和冷铸锚,广泛用于先张、后张法的预应力施工。穿心式千斤顶用于直径 12~20 mm 的单根钢筋、钢绞线或钢丝束的张拉。用 YC－20 型穿心式千斤顶(图 6-11)张拉时,高压油泵启动,从后油嘴进油,前油嘴回油,被偏心夹具夹紧的钢筋随液压缸的伸出而被拉伸。YC－20 型穿心式千斤顶的最大张拉力为 20 kN,最大行程为 200 mm,适用于用圆套筒三片式夹具张拉锚固 12~

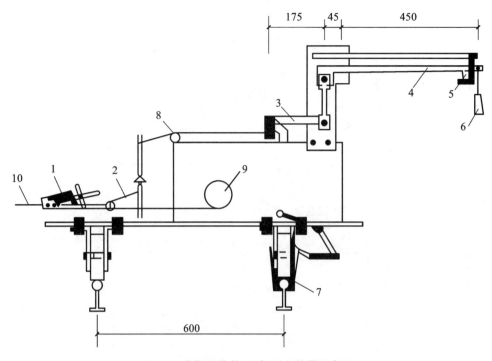

图 6-9　卷扬机张拉、杠杆测力装置示意图

1—钳式张拉夹具；2—钢丝绳；3、4—杠杆；5—断电器；
6—砝码；7—夹轨器；8—导向轮；9—卷扬机；10—钢丝

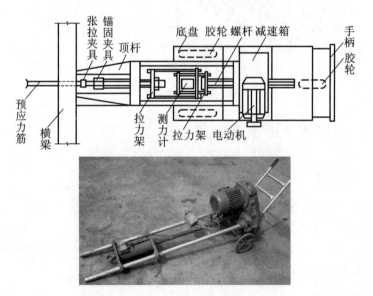

图 6-10　电动螺杆张拉机

20 mm 单根冷拉 HRB335、HRB400 和 RRB400 钢筋。钢筋成组张拉如图 6-12 所示。

6.2.4　先张法施工工艺

　　先张法的工艺流程如图 6-13 所示，其中关键是预应力筋的张拉与固定、混凝土浇筑以及预应力筋的放张。

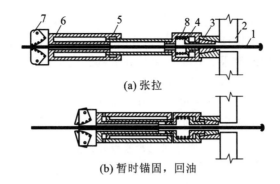

(a) 张拉

(b) 暂时锚固,回油

图 6-11　YC—20 穿心式千斤顶张拉过程示意图

1—钢筋;2—台座;3—穿心式夹具;4—弹性顶压头;5、6—油嘴;7—偏心式夹具;8—弹簧

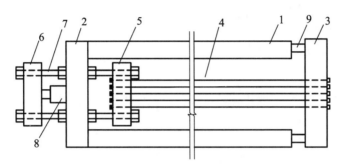

图 6-12　四横梁式成组张拉装置

1—台座;2、3—前后横梁;4—钢筋;5、6—拉力架;7—螺丝杆;8—千斤顶;9—放张装置

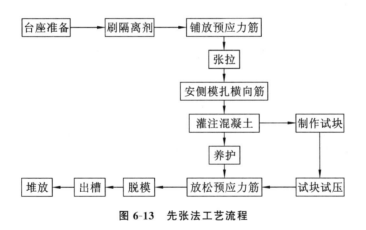

图 6-13　先张法工艺流程

1. 张拉预应力筋

(1) 张拉程序。

张拉程序可按下列之一进行:$0 \rightarrow 1.05\sigma_{con}$(持荷 2 min)$\rightarrow \sigma_{con}$ 或 $0 \rightarrow 1.03\sigma_{con}$,其中 σ_{con} 为预应力筋的张拉控制应力。为了减少应力松弛损失,预应力钢筋宜采用 $0 \rightarrow 1.05\sigma_{con}$(持荷 2 min)$\rightarrow \sigma_{con}$ 的张拉程序;预应力钢丝张拉工作量大时,宜采用一次张拉程序:$0 \rightarrow 1.03\sigma_{con}$。

超张拉——减少由于钢筋松弛变形造成的预应力损失;持荷 2 min——加速钢筋松弛的早期发展(第 1 min 内完成损失总值的 50%)。

应力松弛:钢材在常温、高应力状态下,具有不断产生塑性变形的特点,导致钢筋应力下降。

（2）张拉控制应力及最大应力。

张拉控制应力是指在张拉预应力筋时所达到的规定应力,应按设计规定采用。控制应力的数值直接影响预应力的效果。施工中采用超张拉工艺,使超张拉应力比控制应力提高3%～5%。

预应力筋的张拉控制应力应符合设计要求。施工中预应力筋需要超张拉时,可比设计要求提高 3%～5%,但其最大张拉控制应力不得超过表 6-1 的规定。

表 6-1　张拉控制应力限值

钢 筋 种 类	张 拉 方 法	
	先 张 法	后 张 法
消除应力钢丝、钢铰线	$0.75f_{ptk}$	$0.70f_{ptk}$
热处理钢筋	$0.75f_{ptk}$	$0.65f_{ptk}$

注:f_{ptk}为预应力筋极限抗拉强度标准值。

（3）预应力值的校核。

预应力钢筋的张拉力,一般用伸长值校核。预应力筋理论伸长值 ΔL 按下式计算:

$$\Delta L = \frac{F_p L}{A_p E_s} \qquad (6\text{-}3)$$

式中　F_p——预应力筋平均张拉力(kN),轴线张拉取张拉端的拉力;两端张拉的曲线筋取张拉端的拉力与跨中扣除孔道摩阻损失后拉力的平均值;

L——预应力筋的长度(mm);

A_p——预应力筋的截面面积(mm^2);

E_s——预应力筋的弹性模量(kN/mm^2)。

注:预应力筋的实际伸长值,宜在初应力约为 $10\%\sigma_{con}$ 时测量,并加初应力以内的推算伸长值。

（4）张拉要点如下:

① 张拉时应校核预应力筋的伸长值,实际伸长值与设计计算值的偏差不得超过±6%,否则应停拉;

② 从台座中间向两侧进行(防偏心损坏台座);

③ 多根成组张拉,初应力应一致(测力计抽查);

④ 拉速平稳,锚固松紧一致,设备缓慢放松;

⑤ 拉完的筋位置偏差小于等于 5 mm,且小于等于构件截面短边的 4%;

⑥ 冬季张拉时,温度大于等于－15 ℃;

⑦ 注意安全:预应力筋的两端严禁站人,敲击楔块不得过猛。

2. 混凝土浇筑与养护

（1）混凝土一次浇完,混凝土强度等级不小于 C30。

（2）防止混凝土出现收缩和较大徐变:选收缩变形小的水泥,水灰比小于等于 0.5,级配良好,振捣密实(特别是端部)。

混凝土收缩:混凝土凝结初期或硬化过程中出现的体积缩小现象。

混凝土徐变:混凝土在荷载长期作用下产生的塑性变形。

（3）采用机械振捣密实时,要避免碰撞钢丝。混凝土未达到一定强度前,不允许碰撞或踩踏钢丝。

（4）减少应力损失：非钢模板台座生产，采取二次升温养护（开始温差≤20 ℃，应力达10 MPa后按正常速度升温）。

3．预应力筋放张

（1）放张条件：混凝土达到设计规定且强度大于等于75％设计强度值后。

（2）放张顺序：

① 预应力筋放张时，应缓慢放松锚固装置，使各根预应力筋缓慢放松；

② 预应力筋放张顺序应符合设计要求，当设计未规定时，可按下列要求进行：

a．承受轴心预应力构件的所有预应力筋应同时放张；承受偏心预压力构件，应先同时放张预压力较小区域的预应力筋，再同时放张预压力较大区域的预应力筋；

b．长线台座生产的钢弦构件，剪断钢丝宜从台座中部开始；叠层生产的预应力构件，宜按自上而下的顺序进行放松；板类构件放松时，从两边逐渐对称向中心进行。

（3）放张方法。

① 对于中小型预应力混凝土构件，预应力丝的放张宜从生产线中间处开始，以减少回弹量且有利于脱模；对于大构件应从外向内对称、交错逐根放张，以免构件扭转、端部开裂或钢丝断裂。

② 放张单根预应力筋，一般采用千斤顶放张，如图6-14（a）所示。

③ 构件预应力筋较多时，整批同时放张可采用砂箱、楔块等放松装置。砂箱装置如图6-14（b）所示。楔块放张装置如图6-14（c）所示。

注：可用锯断、剪断、熔断（仅限于Ⅰ～Ⅲ级冷拉筋）方法放张，但对钢丝、热处理钢筋不得用电弧切割。

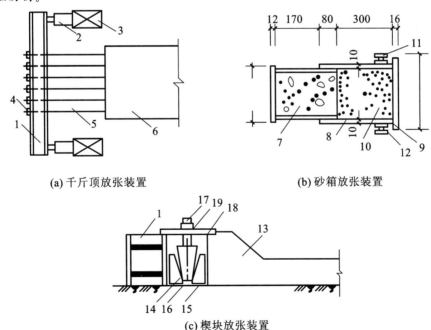

(a) 千斤顶放张装置　　　　　　　　(b) 砂箱放张装置

(c) 楔块放张装置

图 6-14　预应力筋放张装置

1—横梁；2—千斤顶；3—承力架；4—夹具；5—钢丝；6—构件；7—活塞；8—套箱；
9—套箱底板；10—砂；11—进砂口（M25 螺丝）；12—出砂口（M16 螺丝）；13—台座；
14、15—钢固定模块；16—钢滑动模板；17—螺杆；18—承力板；19—螺母

6.3 后 张 法

6.3.1 后张法的概念

后张法是先制作混凝土构件,并在预应力筋的位置预留出相应孔道,待混凝土强度达到设计规定的数值后,穿入预应力筋进行张拉,并利用锚具把预应力筋锚固,最后进行孔道灌浆。

工艺过程:浇筑混凝土结构或构件(留孔)→养护拆模→穿筋张拉(混凝土达 75% 强度后)→固定→孔道灌浆→移动、吊装(灌浆强度达 15 N/mm²,混凝土达 100% 强度后)。

后张法适用于大构件及结构的现场施工,如预制拼装、结构张拉。后张法施工工艺如图6-15 所示。

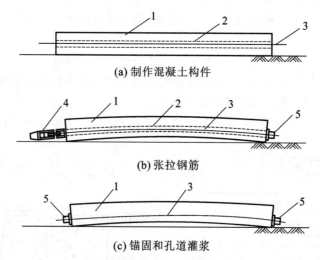

(a) 制作混凝土构件

(b) 张拉钢筋

(c) 锚固和孔道灌浆

图 6-15 预应力混凝土后张法生产示意图

1—混凝土构件;2—预留孔道;3—预应力筋;4—千斤顶;5—锚具

特点:不需台座,但工序多、工艺复杂,锚具不能重复利用。

6.3.2 锚具、张拉设备和预应力筋制作

1. 锚具

(1) 单根粗钢筋(直径 18~36 mm)。

单根粗钢筋的预应力筋,如果采用一端张拉,则在张拉端用螺丝端杆锚具,固定端用帮条锚具或镦头锚具;如果采用两端张拉,则两端均用螺丝端杆锚具。螺丝端杆锚具如图6-16、图 6-17 所示。帮条锚具如图 6-18 所示。

镦头锚具由镦头和垫板组成,用于预应力钢筋的张拉锚固,依靠对焊与预应力钢筋连接。

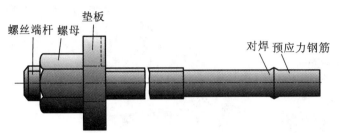

图 6-16 螺丝端杆锚具

图 6-17 LM 型螺丝端杆锚具

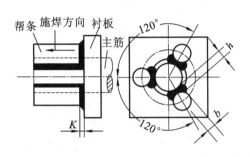

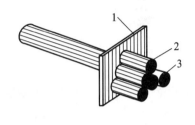

图 6-18 帮条锚具

1—衬板；2—帮条；3—预应力筋

（2）高强钢丝束。

钢丝束用作预应力筋时，由几根到几十根直径 3～5 mm 的平行碳素钢丝组成。其固定端采用钢丝束镦头锚具（图 6-19），张拉端锚具可采用钢质锥形锚具、锥形螺杆锚具、XM 型锚具及 QM 型锚具。

① 锥形螺杆锚具（图 6-20）用于锚固 14 根、16 根、20 根、24 根或 28 根直径为 5 mm 的碳素钢丝。

图 6-19 钢丝束镦头锚具

图 6-20 锥形螺杆锚具

② 钢丝束镦头锚具适用于 12～54 根直径为 5 mm 的碳素钢丝。常用镦头锚具分为 A型与 B 型。A 型由锚杯与螺母组成，用于张拉端。B 型为锚板，用于固定端。

③ 钢质锥形锚具（图 6-21）用于锚固以锥锚式双作用千斤顶张拉的钢丝束，适用于锚固6 根、12 根、18 根或 24 根直径 5 mm 的钢丝束。

（3）钢铰线。

P 型锚具由挤压头、螺旋筋、P 型锚板、约束圈组成，它是在钢铰线端部安装钢丝衬圈和挤压套，利用挤压机将挤压套挤过模孔，使其产生塑性变形而握紧钢铰线，形成可靠锚固。其主要用在后张预应力构件的固定端，用于对钢绞线的挤压锚固，如图 6-22 所示。

图 6-21　钢质锥形锚具

图 6-22　P 型锚具

2. 张拉设备

预应力张拉设备主要有电动张拉设备和液压张拉设备两大类。电动张拉设备仅用于先张法,液压张拉设备可用于先张法与后张法。液压张拉设备由液压千斤顶、高压油泵和外接油管组成。

张拉设备应装有测力仪器,以准确建立预应力值。张拉设备应由专人使用和保管,并定期维护和校验。

(1)穿心式千斤顶。

穿心式千斤顶是一种利用双液压缸张拉预应力筋和顶压锚具的双作用千斤顶(图6-23)。它既可用于需要顶压的夹片锚的整体张拉,配上撑脚与拉杆后,还可张拉镦头锚和冷铸锚。其广泛用于先张、后张法的预应力施工。

(2)拉杆式千斤顶。

拉杆式千斤顶为空心拉杆式千斤顶,选用不同的配件可组成几种不同的张拉形式(图6-24)。可张拉 DM 型螺丝端杆锚、JLM 精轧螺丝钢锚具、LZM 冷铸锚等。

(3)锥锚式千斤顶。

锥锚式千斤顶是一种具有张拉、顶锚和退楔功能的千斤顶,专用于张拉及顶压、锚固带钢质锥形锚(弗氏锚)的钢丝束(图6-25)。

图 6-23　YDC 型穿心式千斤顶　　　　　　图 6-24　YCL 拉杆式千斤顶

（4）前卡式千斤顶。

前卡式千斤顶是一种张拉工具锚内置于千斤顶前端的穿心式千斤顶，可自动夹紧和松开工具锚夹片（图 6-26）。该千斤顶简化了施工工艺，节省了张拉时间，而且缩短了预应力筋预留张拉长度。主要用于各种有黏结筋和无黏结筋的单孔张拉。

图 6-25　DZ850 型千斤顶构造示意图　　　　图 6-26　YDQ 型前卡式千斤顶

3．预应力筋制作

（1）钢筋下料长度计算。

① 两端用螺丝端杆锚具时（图 6-27）。

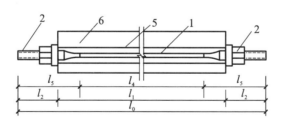

图 6-27　两端用螺丝端杆锚具

钢筋下料长度：

$$l_0 = \frac{l_1 + 2l_2 - 2l_5}{(1+\delta)(1-\delta_1)} + nd \tag{6-4}$$

式中　l_0——下料长度；

l_1——构件的孔道长度；

l_2——螺丝端杆伸出构件外长度，一般为 120～150 mm，或按下式计算：张拉端：$l_2 =$

$2H+h+5$ mm，锚固端：$l_2=H+h+10$ mm；

H——螺母厚度；

h——垫板厚度；

l_5——螺丝端杆长度，一般取 320 mm；

n——对焊接头数；

d——每个对焊接头压缩量；

δ——预应力钢筋冷拉率；

δ_1——预应力钢筋冷拉回弹率(0.4%～0.6%)。

② 一端用螺杆、一端用帮条时(图 6-28)。

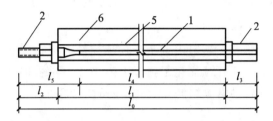

图 6-28　一端用螺杆、一端用帮条

钢筋下料长度：

$$l_0=\frac{l_1+l_2-l_5+l_3}{(1+\delta)(1-\delta_1)}+nd \tag{6-5}$$

(2) 钢绞线下料长度计算。

采用夹片锚具、穿心式千斤顶张拉时(图 6-29)，按下式计算。

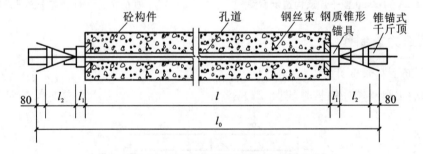

图 6-29　采用夹片锚具、穿心式千斤顶张拉

两端张拉：

$$l_0=l+(l_1+l_2+l_3+100) \tag{6-6}$$

一端张拉：

$$l_0=l+2(l_1+100)+l_2+l_3 \tag{6-7}$$

式中　l_0——下料长度；

l——构件的孔道长度；

l_1——夹片式工作锚厚度；

l_2——穿心式千斤顶长度；

l_3——夹片式工具锚厚度。

6.3.3　后张法施工工艺

后张法施工工艺中,与预应力施工有关的是孔道留设、预应力筋张拉和孔道灌浆三部分。

1. 孔道留设

(1)孔道留设的基本要求。

构件中留设孔道主要为穿预应力钢筋(束)及张拉锚固后灌浆用。孔道留设的基本要求如下:

① 孔道直径应保证预应力筋(束)能顺利穿过;

② 孔道应按设计要求的位置、尺寸留设,浇筑混凝土时不应出现移位和变形;

③ 在设计规定位置上留设灌浆孔;

④ 在曲线孔道的曲线波峰部位应设置排气兼泌水管,必要时可在最低点设置排水管;

⑤ 灌浆孔及泌水管的孔径应能保证浆液畅通。

(2)孔道留设的方法。

预留孔道形状有直线、曲线和折线形三种,其直径与布置根据构件的受力性能、张拉锚固体系特点及尺寸确定。粗钢筋的孔道直径应比对焊接头外径或需穿过孔道的锚具、连接器外径大 10~15 mm;钢丝、钢铰线的孔道直径应比预应力束外径或锚具外径大 5~10 mm,且孔道面积宜为预应力筋净面积的 3~4 倍。孔道至构件边缘的净距不小于 40 mm,孔道之间的净距不小于 50 mm;端部的预埋钢板应垂直于孔道中心线;凡需起拱的构件,预留孔道应随构件同时起拱。

孔道成型有钢管抽芯法、胶管抽芯法和埋管法。

孔道成型的要求:孔道的尺寸与位置正确,孔道平顺,接头不漏浆。

① 钢管抽芯法(图 6-30)。

图 6-30　钢管抽芯法

钢管抽芯法是预先将平直、表面圆滑的钢管埋设在模板内预应力筋孔道位置上,用钢管井字架(图 6-31)(间距不大于 1 m)在构件中固定,在开始浇筑至浇筑后拔管前,间隔一定时间(一般为 15 min)缓慢匀速地转动钢管,待混凝土初凝后至终凝之前,用卷扬机匀速拔出钢管,即在构件中形成孔道。钢管抽芯法只用于留设直线孔道,钢管长度不宜超过 15 m,钢管两端各伸出构件 500 mm 左右，以便转动和抽管。构件较长时，可采用两根钢管，中间用套管连接（图 6-32）。

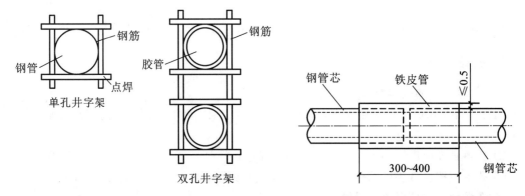

图 6-31　钢管固定井字架　　　　图 6-32　两根钢管的套管连接

抽管时间与水泥品种、浇筑气温和养护条件有关。采用钢筋束镦头锚具和锥形螺杆锚具留设孔道时，张拉端的扩大孔也可用钢管成型，留孔时应注意端部扩孔应与中间孔道同心。抽管时机为初凝后、终凝前，以手指按压砼，无明显压痕又不沾浆即可抽管，常温下一般在砼浇筑后 3～5 h。抽管顺序：先上后下；先中间，后周边；当部分孔道有扩孔时，先抽无扩孔管道，后抽扩孔管道；抽管时边抽边转、速度均匀、与孔道成一直线。

②　胶管抽芯法（图 6-33）。

胶管可采用夹布胶管或钢丝网胶管两种。使用前，将一端封堵，另一端与阀门连接，充水（气）加压至 0.5～0.8 MPa，使胶皮管直径增大约 3 mm。构件中用井字架钢管固定，间距不大于 0.6 m，用于直线、曲线或折线孔道成型。胶管一端密封，另一端接上阀门，安放在孔道设计位置上。待混凝土初凝后、终凝前，将胶管阀门打开放水（或放气）降压，胶管回缩与混凝土自行脱落。一般按先上后下、先曲后直的顺序将胶管抽出。

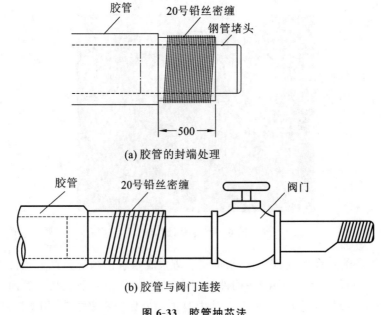

(a) 胶管的封端处理

(b) 胶管与阀门连接

图 6-33　胶管抽芯法

③ 预埋管法。

预埋管法是用钢管井字架将黑铁皮管、薄钢管或金属螺旋管固定在设计位置上,在混凝土构件中埋管成型的一种施工方法。管件埋入后不再抽出,可用于各类形状的孔道,是目前大力推广的孔道留设方法。

图 6-34　塑料波纹管

波纹管(图 6-34、图 6-35)要求:在 1 kN 径向力作用下不变形,使用前进行灌水试验,检查有无渗漏,防止水泥浆流入管内堵塞孔道;安装就位过程中避免反复弯曲,以防管壁开裂。

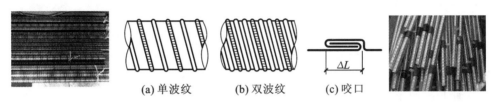

(a) 单波纹　　(b) 双波纹　　(c) 咬口

图 6-35　金属波纹管

构件中固定:用钢管井字架,间距不大于 0.8～1.0 m;螺旋管固定后,必须用铅丝与钢筋扎牢,防止浇筑砼时螺旋管上浮而造成严重事故(图 6-36)。

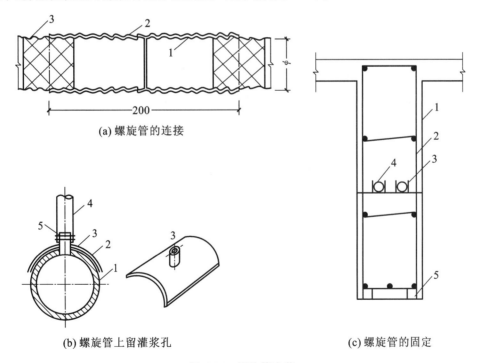

(a) 螺旋管的连接

(b) 螺旋管上留灌浆孔　　　　　(c) 螺旋管的固定

图 6-36　螺旋管安装

图(a):1—螺旋管;2—接头管;3—密封胶带;

图(b):1—螺旋管;2—海绵垫;3—塑料弧形压板;4—塑料管;5—铁丝扎紧

图(c):1—梁侧模 ;2—箍筋;3—钢筋支托;4—螺旋管;5—垫块

④ 灌浆孔、排气孔与泌水孔。

在孔道留设的同时应预留灌浆孔和排气孔。

灌浆孔:一般在构件两端和中间每隔 12 m 设置一个灌浆孔,孔径 20～25 mm(与灌浆机输浆管嘴外径相适应),用木塞留设。曲线孔道应在最低点设置灌浆孔,以利于排出空气,保证灌浆密实。一个构件有多根孔道时,其灌浆孔不应集中设在构件的同一截面上,以免构件截面削弱过大。灌浆孔的方向应使灌浆时水泥浆自上而下垂直或倾斜注入孔道。灌浆孔的最大间距:抽芯成孔的不宜大于 12 m,预埋波纹管不大于 30 m。

排气孔与泌水孔:构件的两端留设排气孔,曲线孔道的峰顶处应留设排气兼泌水孔,必要时可在最低点设置排水孔。

2. 预应力筋张拉

(1)张拉条件。

① 结构的混凝土强度符合设计要求或达 75% 强度标准值。

② 做好各种准备工作。

(2)张拉控制应力和超张拉最大应力见表 6-2。

表 6-2　张拉控制应力和超张拉最大应力

预应力筋种类	张拉控制应力 σ_{con}	超张拉最大应力 σ_{max}
碳素钢丝、刻痕钢丝、钢绞线	$0.7 f_{ptk}$	$0.75 f_{ptk}$
热处理钢筋、冷拔低碳钢丝	$0.65 f_{ptk}$	$0.7 f_{ptk}$
冷拉钢筋	$0.85 f_{ptk}$	$0.9 f_{pyk}$

注:f_{ptk} 为预应力筋极限抗拉强度标准值;f_{pyk} 为预应力筋屈服强度标准值。

(3)张拉方法。

对于曲线预应力筋和长度大于 24 m 的直线预应力筋,应采用两端同时张拉的方法;长度等于或小于 24 m 的直线预应力筋,可一端张拉,但张拉端宜分别设置在构件两端。

对预埋波纹管孔道曲线预应力筋和长度大于 30 m 的直线预应力筋宜在两端张拉,长度等于或小于 30 m 的直线预应力筋可在一端张拉。

安装张拉设备时,对于直线预应力筋,应使张拉力的作用线与孔道中心线重合;对于曲线预应力筋,应使张拉力的作用线与孔道中心线末端的切线方向重合。

(4)张拉步骤。

预应力筋张拉操作步骤应根据构件类型、张拉锚固体系、松弛损失等因素确定。

① 采用低松弛钢丝和钢绞线时,张拉步骤如下:

$0 \rightarrow P_j \rightarrow$ 锚固($P_j = \sigma_{con} \times A_p$,$A_p$ 为预应力筋截面积)。

② 采用普通松弛预应力钢筋时,按超张拉步骤,即:

对镦头锚具等可卸载锚具:$0 \rightarrow 1.05 P_j$(持荷 2 min)$\rightarrow P_j \rightarrow$ 锚固;

对夹片锚具等不可卸载锚具:$0 \rightarrow 1.03 P_j \rightarrow$ 锚固。

(5)张拉安全事项。

在张拉构件的两端应设置保护装置,如用麻袋、草包装土筑成土墙,以防止螺帽滑脱、钢筋断裂飞出伤人。在张拉操作中,预应力筋的两端严禁站人,操作人员应在侧面工作。

3. 孔道灌浆

预应力筋张拉后,应尽快进行孔道灌浆。一可保护预应力筋以免锈蚀,二可使预应力筋与砼有效黏结,控制超载时裂缝的间距与宽度,减轻梁端锚具的负荷情况。灌浆料应采用强度等级不低于 32.5 级的普通硅酸盐水泥配制,水灰比不大于 0.45,搅拌后 3 h 泌水率不宜大于 2%,且不应大于 3%。泌水应能在 24 h 内全部重新被水泥浆吸收。灌浆用水泥砂浆的抗压强度不应小于 30 N/mm²。

预应力筋张拉后,应尽快使用灰浆泵将水泥浆压灌到预应力孔道中去。灌浆用水泥浆应有足够的黏结力,且应有较大的流动性,较小的干缩性和泌水性。

灌浆前应全面检查构件孔道及灌浆孔、泌水孔、排气孔是否畅通,对抽芯成孔的孔道采用压力水冲洗湿润,对埋设波纹管孔道可用压缩空气清孔。宜先灌下层孔道,后灌上层孔道。灌浆工作应缓慢均匀进行,不得中断,并应排气通顺,在出浆口冒出浓浆并封闭排气孔后,继续加压至 0.5~0.7 N/mm²,稳压 2 min,再封闭灌浆孔。

4. 后张法施工注意事项

(1) 后张法预应力构件断裂或滑脱的数量严禁超过同一截面预应力筋总根数的 3%,且每束钢丝不得超过一根(对于多跨双向连续板,其同一截面应按每跨计算)。

(2) 预应力筋张拉锚固后实际建立的预应力值与设计规定检验值的相对允许误差为 ±5%。同一检验批内抽查预应力筋总数的 3%,且不少于 5 束。

(3) 后张法预应力筋锚固后的外露部分宜用机械法切割,其外露长度不宜小于预应力筋的 1.5 倍,且不小于 30 mm。长期外露的锚具,可涂刷防锈油漆或用封端砼封裹。

(4) 现浇砼构件的侧模板宜在预应力张拉前拆除,底模支架拆除时,孔道灌浆强度不应低于 15 N/mm²。

(5) 金属波纹管或无黏结预应力筋铺设后,其附近不得进行电焊作业,否则应采取防护措施。

(6) 砼浇筑时,应防止振动器触碰金属波纹管、无黏结预应力筋或端部预埋件,不得压踏或碰撞预应力筋、钢筋支架。

6.4　无黏结预应力混凝土施工

无黏结预应力混凝土施工是在砼浇筑前将预应力筋铺设在模板内,然后浇筑砼,待砼达到设计规定强度后进行预应力筋的张拉锚固的施工方法。该工艺无需预留孔道及灌浆,预应力筋易弯成所需的多跨曲线形状,施工简单方便,适用于双向连续平板、密肋板和多跨连续梁等现浇砼结构。

6.4.1　无黏结预应力筋的制作

预应力筋主要采用钢铰线和高强钢丝,采用钢铰线时张拉端采用夹片式锚具(XM 型锚具),埋入端采用压花式埋入锚具;钢丝束的张拉端和埋入端均采用夹片式或镦头式锚具。

无黏结预应力筋是由 7ϕ5 高强钢丝组成的钢丝束或扭结成的钢绞线,通过专门设备涂

图 6-37　无黏结预应力筋

包涂料层和包裹外包层构成的(图 6-37)。

　　涂料层一般采用防腐沥青。无黏结预应力混凝土中,锚具必须具有可靠的锚固能力,要求不低于无黏结预应力筋抗拉强度的 95%。

6.4.2　无黏结预应力筋的铺设

　　无黏结筋通常在底部非预应力筋铺设后、水电管线铺设前进行,支座处负弯矩钢筋在最后铺设(图 6-38)。无黏结筋应严格按照设计要求的曲线形状就位并固定牢靠,其竖向位置宜用支撑钢筋或钢筋马凳控制,保证无黏结筋的曲线顺直。经检查无误后,用铅丝将无黏结筋与非预应力筋绑扎牢固,防止钢丝束在浇筑砼过程中移位。

图 6-38　无黏结预应力筋铺设

6.4.3　无黏结预应力筋的张拉

　　无黏结预应力筋的张拉步骤基本与有黏结后张法相同。无黏结预应力砼楼盖结构宜先张拉楼板,后张拉楼面梁。板中的无黏结筋可依次张拉,梁中的无黏结筋宜对称张拉。板中的无黏结筋一般采用前卡式千斤顶单根张拉,并用单孔式夹片锚具锚固;无黏结曲线预应力筋长度超过 35 m 时,宜两端张拉,超过 70 m 时宜分段张拉。

6.4.4　锚头端部处理

　　无黏结预应力钢丝束两端在构件上预留有一定长度的孔道,其直径略大于锚具的外径。钢丝束张拉锚固后,端部便留下孔道,该部分钢丝没有涂层,应封闭处理以保护预应力钢丝。无黏结预应力束锚头端部处理,目前常采用两种方法。第一种方法是在孔道中注入油脂并加以封闭,如图 6-39 所示。

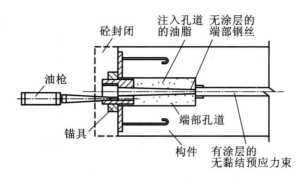

图 6-39　锚头端部油脂封闭

　　第二种方法是在两端留设的孔道内注入环氧树脂水泥砂浆,其抗压强度不低于 35 MPa。灌浆时同时将锚头封闭,防止钢丝锈蚀,同时也起一定的锚固作用,如图 6-40 所示。

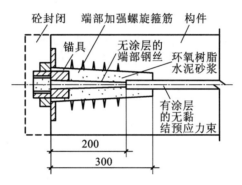

图 6-40　锚头端部环氧树脂水泥砂浆封闭

第 7 章　结构安装工程

7.1　安装索具与机械设备

结构安装常用的索具设备有卷扬机、钢丝绳、白棕绳、滑轮、吊钩、吊索、横吊梁等。常用的起重机械有桅杆式起重机、履带式起重机、汽车式起重机、轮胎式起重机、塔式起重机等。

7.1.1　白棕绳

白棕绳一般用于起吊轻型构件(如钢支撑)和作为受力不大的缆风绳、溜绳等。

白棕绳是由剑麻茎纤维搓成线,线搓成股,再将股拧成绳。

白棕绳分为三股、四股和九股三种。

7.1.2　钢丝绳

钢丝绳是吊装中的主要绳索,它具有强度高、弹性大、韧性好、耐磨、能承受冲击载荷等优点,且磨损后外部产生许多毛刺,容易检查,便于预防事故。

1. 钢丝绳的构造和种类

结构吊装中常用的钢丝绳是由六束绳股和一根绳芯(一般为麻芯)捻成。绳股是由许多高强钢丝捻成(图 7-1)。钢丝绳按其捻制方法分为右交互捻、左交互捻、右同向捻、左同向捻四种(图 7-2)。同向捻钢丝绳中钢丝捻的方向和绳股捻的方向一致;交互捻钢丝绳中钢丝捻的方向和绳股捻的方向相反。

(a) 右交互捻 (股向右捻, 丝向左捻)	(b) 左交互捻 (股向左捻, 丝向右捻)	(c) 右同向捻 (股和丝均 向右捻)	(d) 左同向捻 (股和丝均 向左捻)

图 7-1　普通钢丝绳截面　　　　　　图 7-2　钢丝绳捻制方法

同向捻钢丝绳比较柔软、表面较平整,它与滑轮或卷筒凹槽的接触面较大,磨损较轻,但容易松散和产生扭结卷曲,吊重物时容易旋转,故吊装中一般不用;交互捻钢丝绳较硬,强度较高,吊重物时不易扭结和旋转,吊装中应用广泛。

钢丝绳按绳股数及每股中的钢丝数区分,有 6 股 7 丝,7 股 7 丝,6 股 19 丝,6 股 37 丝及 6 股 61 丝等。吊装中常用的有 6 股 19 丝、6 股 37 丝两种。6 股 19 丝钢丝绳可作缆风绳和吊索;6 股 37 丝钢丝绳用于穿滑车组和作吊索。

2. 吊装工具

1)吊钩

起重吊钩常用优质碳素钢锻成。锻成后要进行退火处理,要求硬度达到 $95\sim135$ HB。吊钩表面应光滑,不得有剥裂、刻痕、锐角、裂缝等缺陷存在,并禁止对磨损或有裂缝的吊钩进行补焊修理。

吊钩在钩挂吊索时要将吊索挂至钩底;直接钩在构件吊环中时,不能将吊钩硬别或歪扭,以免吊钩产生变形或使吊索脱钩。

2)卡环(卸甲、卸扣)

卡环用于吊索和吊索或吊索和构件吊环之间的连接,由弯环与销子两部分组成(图 7-3)。

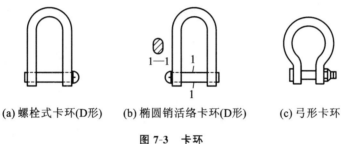

(a) 螺栓式卡环(D形)　　(b) 椭圆销活络卡环(D形)　　(c) 弓形卡环

图 7-3　卡环

3)吊索(千斤)

吊索有环状吊索(又称万能吊索或闭式吊索)和 8 股头吊索(又称轻便吊索或开式吊索)两种(图 7-4)。

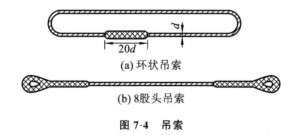

(a) 环状吊索

(b) 8股头吊索

图 7-4　吊索

吊索是用钢丝绳做成的,因此,钢丝绳的允许拉力即为吊索的允许拉力。在工作中,吊索拉力不应超过其允许拉力。吊索拉力取决于所吊构件的重量及吊索的水平夹角,水平夹角应不小于 $30°$,一般为 $45°\sim60°$。

4)横吊梁(铁扁担)

横吊梁常用于柱和屋架等构件的吊装。用横吊梁吊柱容易使柱身保持垂直,便于安装;

用横吊梁吊屋架可以降低起吊高度，减少吊索的水平分力对屋架的压力。常用的横吊梁有滑轮横吊梁(图 7-5)、钢板横吊梁(图 7-6)、钢管横吊梁(图 7-7)等。

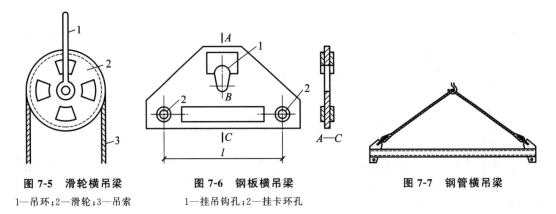

图 7-5 滑轮横吊梁
1—吊环；2—滑轮；3—吊索

图 7-6 钢板横吊梁
1—挂吊钩孔；2—挂卡环孔

图 7-7 钢管横吊梁

3. 滑车组

滑车组是由一定数量的定滑车、动滑车及绕过它们的绳索组成的(图 7-8)。

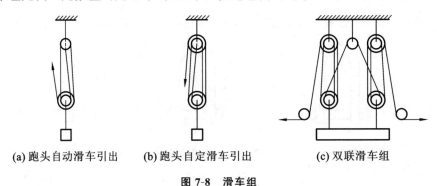

(a) 跑头自动滑车引出　　(b) 跑头自定滑车引出　　(c) 双联滑车组

图 7-8 滑车组

4. 卷扬机

卷扬机有手动卷扬机和电动卷扬机之分。手动卷扬机在结构吊装中已很少使用。卷扬机必须用地锚予以固定，以防工作时产生滑动或倾覆。根据受力大小，固定卷扬机分为螺栓锚固法、水平锚固法、立桩锚固法和压重锚固法四种(图 7-9)。

7.1.3 地锚

地锚用于固定缆风绳、导向滑车、绞磨、卷扬机、溜绳等，将力传递给地基。地锚按设置形式，分为桩式地锚和水平地锚两种。桩式地锚适用于固定受力不大的缆风绳，结构吊装中很少使用。水平地锚是将几根圆木(方木或型钢)用钢丝绳捆绑在一起，横放在地锚坑底，钢丝绳的一端从坑前端的槽中引出，绳与地面的夹角应等于缆风与地面的夹角，然后用土石回填夯实(图 7-10)。受力很大的地锚(如重型桅杆式起重机和缆索起重机的缆风地锚)应用钢筋混凝土制作，其尺寸、混凝土强度等级及配筋情况须经专门设计确定。

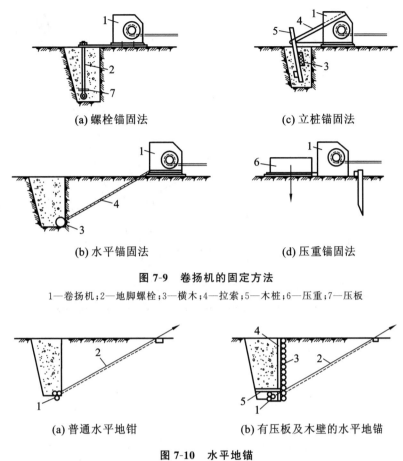

(a) 螺栓锚固法　　　　　　　　　　(c) 立桩锚固法

(b) 水平锚固法　　　　　　　　　　(d) 压重锚固法

图 7-9　卷扬机的固定方法

1—卷扬机；2—地脚螺栓；3—横木；4—拉索；5—木桩；6—压重；7—压板

(a) 普通水平地钳　　　　　　(b) 有压板及木壁的水平地锚

图 7-10　水平地锚

1—横木；2—拉索；3—木壁；4—立柱；5—压板

7.1.4　起重机械

常用的结构安装机械有履带式起重机、汽车式起重机、轮胎式起重机和塔式起重机。

1. 履带式起重机

履带式起重机由动力装置、传动机构、行走机构、工作机构以及平衡重等组成,如图 7-11 所示。

优点:履带式起重机是一种 360°全回转的起重机,它操作灵活,行走方便,能负载行驶。缺点是稳定性较差,行走时对路面破坏较大,行走速度慢,在城市中行驶和长距离转移时,需用拖车运输。

2. 汽车式起重机

汽车式起重机是将起重机构安装在普通载重汽车或专用汽车底盘上的一种自行式回转起重机,具有行驶速度快,能迅速转移,对路面破坏性很小的优点。缺点是吊重物时必须支腿,因而不能负荷行驶,如图 7-12 所示。

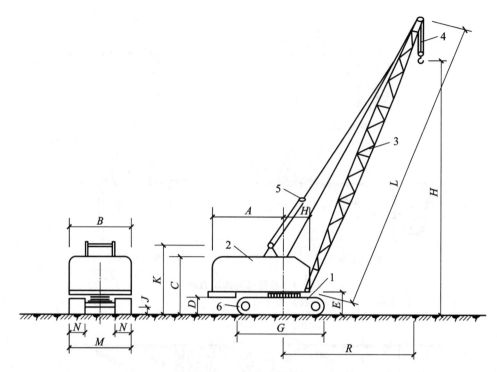

图 7-11　履带式起重机

1—底盘;2—机棚;3—起重臂;4—起重滑轮组;5—变幅滑轮组;6—履带
A、B…… —外形尺寸符号;L—起重臂长度;H—起升高度;R—工作幅度

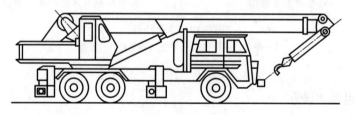

图 7-12　汽车式起重机

3. 轮胎式起重机

　　轮胎式起重机是一种装在专用轮胎式行走底盘上的起重机,其横向尺寸较大,故横向稳定性好,能全回转作业,并能在允许载荷下负荷行驶(图7-13)。它与汽车式起重机有很多相同之处,主要差别是其行驶速度慢,故不宜作长距离行驶,适宜于作业地点相对固定而作业量较大的场合,吊装时一般用四个支腿支撑以保证机身的稳定性。

4. 塔式起重机

　　塔式起重机的起重臂安装在塔身上部,具有较大的起重高度和工作幅度,工作速度快,生产效率高,广泛用于多层和高层的工业与民用建筑施工(图7-14)。

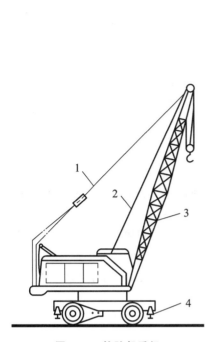

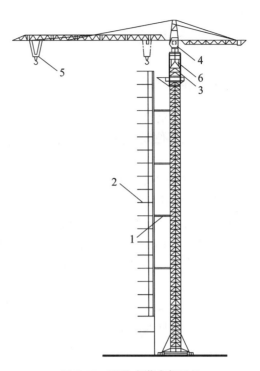

图 7-13　轮胎起重机

1—起重杆；2—起重索；3—变幅索；4—支腿

图 7-14　附着式塔式起重机

1—撑杆；2—建筑物；3—标准节；

4—操纵室；5—起重小车；7—顶升套架

7.2　钢筋混凝土结构单层厂房结构安装

　　钢筋混凝土结构单层工业厂房结构构件类型少，数量多，除基础在施工现场现浇外，其他构件均为预制件(图 7-15)。其中主要的构件有柱、吊车梁、屋架、天窗架、屋面板、连系梁、地基梁、各种支撑等。尺寸大、质量大的大型构件一般在施工现场预制；中小型构件一般在构件厂集中制作后再运往施工现场安装。

图 7-15　单层工业厂房排架结构主体实体

7.2.1 柱子吊装

1. 准备工作

（1）现场预制的钢筋混凝土柱,应用起重机将柱身翻转 $90°$,使小面朝上,并移到吊装的位置堆放。现场预制位置应尽量在基础杯口附近,便于吊装时吊车能直接吊起插入杯口而不必走车。

（2）检查厂房的轴线和跨距。

（3）在柱身上弹出中线,可弹三面,两个小面和一个大面。

（4）基础弹线。在基础杯口的上面、内壁及底面弹出房屋设计轴线（杯底弹线在抹找平层后进行）,并在杯口内壁弹出供抹杯底找平层使用的标高线。

（5）抹杯底找平层。根据柱子牛腿面到柱脚的实际长度和第 4 条所述的标高线,用水泥砂浆或细石混凝土粉抹杯底,调整其标高,使柱安装后各牛腿面的标高基本一致。

（6）在杯口侧壁及柱脚安装后,将埋入杯口部分的表面凿毛,并清除杯底垃圾。

（7）准备吊装索具及测量仪器。

2. 绑扎

柱的绑扎位置和绑扎点数,应根据柱的形状、断面、长度、配筋部位和起重机性能等情况

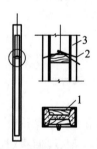

图7-16 工字形柱绑扎点加固
1—方木;2—吊索;3—工字形柱

确定。质量为 13 t 以下的中、小型柱,大多绑扎 1 点;重型或配筋少而细长的柱,则需绑扎 2 点,甚至 3 点。有牛腿的柱,1点绑扎的位置,常选在牛腿以下,如上部柱较长,也可绑在牛腿以上。工字形断面柱的绑扎点应选在矩形断面处,否则,应在绑扎位置用方木加固翼缘（图 7-16）。双肢柱的绑扎点应选在平腹杆处。图 7-17 所示是垂直吊法绑扎示例。吊索从柱的两侧引出,上端通过卡环或滑车挂在横吊梁上。对于断面较大的柱,可用长短吊索各一根绑扎。一般情况下都需将柱翻身。图 7-18 所示是斜吊法绑扎示例。吊索从柱的上面引出,不用横吊梁,柱不必翻身（只有不翻身起吊不会产生裂缝时才可用斜吊法）。图 7-19 所示是双机或三机抬吊（垂直吊法）的绑扎示例。图 7-20 是双机抬吊（斜吊法）的绑扎示例。

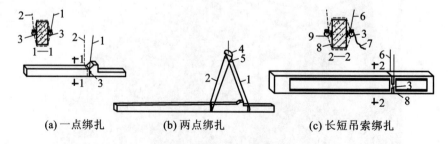

(a) 一点绑扎 (b) 两点绑扎 (c) 长短吊索绑扎

图7-17 垂直吊法绑扎示例
1—第一支吊索;2—第二支吊索;3—活络卡环;4—横吊梁;
5—滑车;6—长吊索;7—白棕绳;8—短吊索;9—普通卡环

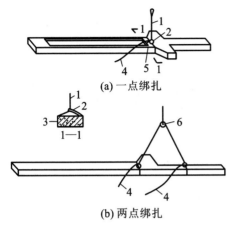

(a) 一点绑扎

(b) 两点绑扎

图 7-18 斜吊法绑扎示例

1—吊索；2—活络卡环；3—柱；
4—白棕绳；5—铅丝；6—滑车

图 7-19 双机或三机抬吊（垂直吊法）绑扎示例

1—主机长吊索；2—主机短吊索；3—副机吊索

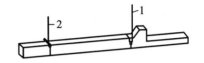

图 7-20 双机抬吊（斜吊法）绑扎示例

1—主机吊索；2—副机吊索

3. 起吊

1）单机吊装

单机吊装有旋转法和滑行法两种。

（1）旋转法。

起重机边起钩边回转，使柱子绕柱脚旋转而吊起柱子（图 7-21）。吊柱时应使柱的绑扎点、柱脚中心和基础杯口中心三点共圆弧，该圆弧的圆心为起重机的停点，半径为停点至绑扎点的距离。

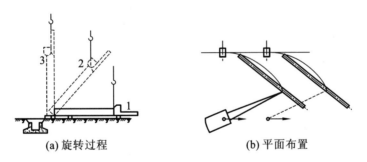

(a) 旋转过程

(b) 平面布置

图 7-21 用旋转法吊柱

1—柱平放时；2—起吊中途；3—直立

（2）滑行法。

起吊柱过程中，起重机只起吊钩，使柱脚滑行而吊起柱子（图 7-22）。吊柱时应将起吊绑扎点（两点以上绑扎时为绑扎中点）布置在杯口附近，并使绑扎点和基础杯口中心两点共圆弧，将柱吊离地面后稍转动吊杆即可就位。为减少柱脚与地面的摩阻力，需在柱脚下设置托板、滚筒，并铺设滑行道。

2）双机抬吊

双机抬吊有滑行法和递送法两种。

（1）滑行法。

柱应斜向布置，并使起吊绑扎点尽量靠近基础杯口（图 7-23）。吊装步骤：①柱翻身就

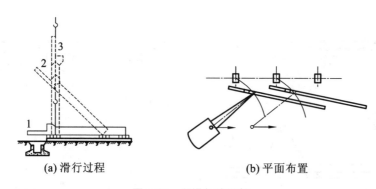

图 7-22 用滑行法吊柱
1—柱平放时;2—起吊中途;3—直立

位;②在柱脚下设置托板、滚筒,并铺好滑行道;③两机相对而立,同时起钩,直至柱被垂直吊离地面时为止;④两机同时落钩,使柱插入基础杯口。

(2)递送法。

柱应斜向布置,主机起吊绑扎点尽量靠近基础杯口(图 7-24)。

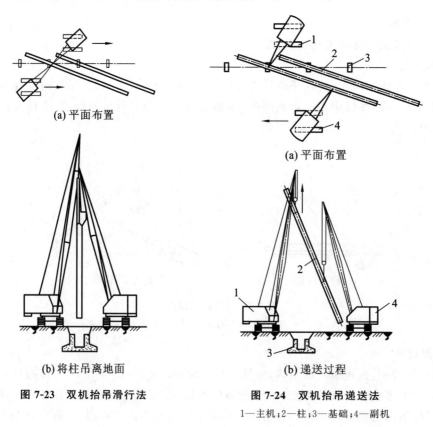

图 7-23 双机抬吊滑行法

图 7-24 双机抬吊递送法
1—主机;2—柱;3—基础;4—副机

4. 就位和临时固定

(1)起重机落钩将柱子放到杯底后应进行对线工作;采用无缆风绳校正时,应使柱身中线对准杯底中线,并在对准线后用坚硬石块将柱脚卡死。

(2)一般柱子就位后,在基础杯口用 8 个硬木楔或钢楔(每面两个)做临时固定,楔子应逐步打紧,防止使对好线的柱脚走动;细长柱子的临时固定应增设缆风绳。

（3）起吊重柱,当起重机吊杆仰角大于75°时,在卸钩时应先落吊杆,防止吊钩拉斜柱子和吊杆后仰。

5．校正

1）平面位置校正

平面位置校正有以下两种方法。

（1）钢钎校正法:将钢杆插入基础杯口下部,两边垫以旗形钢板,然后敲打钢钎移动柱脚。

（2）反推法:假定柱偏左,需让柱向右移,先在左边杯口与柱间空隙中部放一大锤,如柱脚卡了石子,应将右边的石子拨走或打碎,然后在右边杯口上放丝杠千斤顶推动柱,使之绕大锤旋转,以移动柱脚(图7-25)。

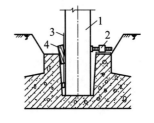

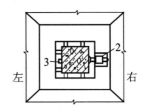

图 7-25　用反推法校正柱平面位置
1—柱;2—丝杠千斤顶;3—大锤;4—木楔

2）垂直度校正

柱子垂直度校正一般均采用无缆风绳校正法。质量在 20 t 以内的柱子采用敲打杯口楔子或敲打钢钎等专用工具校正(图7-26);质量在 20 t 以上的柱子则需采用丝杠千斤顶平顶法或油压千斤顶立顶法校正,如图7-27至图7-29所示。

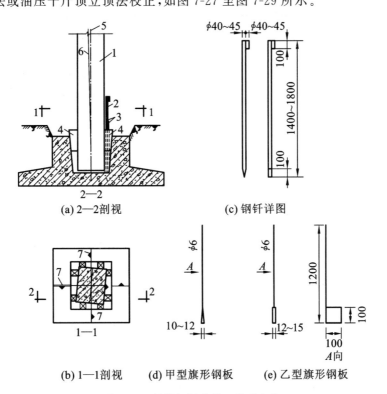

(a) 2—2剖视　　(b) 1—1剖视　(c) 钢钎详图　(d) 甲型旗形钢板　(e) 乙型旗形钢板

图 7-26　敲打钢钎法校正柱垂直度
1—柱;2—钢钎;3—旗形钢板;4—钢楔;5　柱中线;6　垂直线;7—直尺

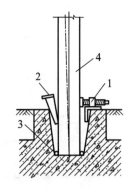

图7-27 丝杠千斤顶平顶法校正柱子垂直度
1—丝杆；2—螺母；3—垫板；4—钢板

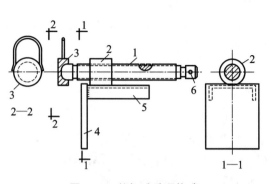

图7-28 丝杠千斤顶构造
1—丝杠千斤顶；2—楔子；3—石子；
4—柱；5—槽钢；6—擂撬杠(手柄)孔

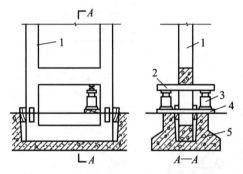

图7-29 千斤顶立顶法校正双肢柱垂直度
1—双肢柱；2—钢梁；3—千斤顶；4—垫木；5—基础

6. 最后固定

钢筋混凝土柱是在柱与杯口的空隙内浇灌细石混凝土后作最后固定的。灌缝工作应在校正后立即进行。灌缝前，应将杯口空隙内的木屑等垃圾清除干净，并用水湿润柱和杯口壁。对于因柱底不平或柱脚底面倾斜而造成柱脚与杯底间有较大空隙的情况，应先灌一层稀水泥砂浆，填满空隙后，再灌细石混凝土。灌缝工作一般分两次进行。第一次灌至楔子底面，待混凝土强度达到设计强度的25%后，拔出楔子，第二次全部灌满。灌捣混凝土时，不要碰动楔子。若灌捣细石混凝土时发现碰动了楔子，可能影响柱子的垂直度，必须及时对柱的垂直度进行复查。

7.2.2 吊车梁吊装

1. 绑扎、起吊、就位、临时固定

吊车梁的吊装必须在基础杯口二次灌浆的混凝土强度达到设计强度的70%以上才能进行。

吊车梁绑扎时，两根吊索要等长，绑扎点要对称设置，以使吊车梁在起吊后能基本保持水平。吊车梁两头需用溜绳控制。

吊车梁就位时应缓慢落钩，争取一次对好纵轴线，避免在纵轴线方向撬动吊车梁而导致柱偏斜。

吊车梁在就位时一般用垫铁垫平即可，不需采取临时固定措施，但当梁的高度与底宽之比大于4时，可用连接钢板与柱子点焊做临时固定。

2. 校正

中小型吊车梁的校正工作宜在屋盖吊装后进行；重型吊车梁如在屋盖吊装后校正难度

较大,常采取边吊边校法施工,即在吊装就位的同时进行校正。

混凝土吊车梁校正的主要内容包括垂直度校正和平面位置校正,两者应同时进行。由于柱子吊装时已通过基础底面标高进行控制,且吊车梁与吊车轨道之间尚需做较厚的垫层,故混凝土吊车梁的标高一般不需校正。

1) 垂直度校正

吊车梁垂直度用靠尺、线锤检查。T 形吊车梁测其两端垂直度,鱼腹式吊车梁测其跨中两侧垂直度(图 7-30)。吊车梁垂直度允许偏差为 5 mm。校正吊车梁的垂直度时,需在吊车梁底端与柱牛腿面之间垫入斜垫块,为此要将吊车梁抬起,可根据吊车梁的质量使用千斤顶等进行,也可在柱上或屋架上悬挂倒链,将吊车梁需垫铁的一端吊起。

2) 平面位置校正

吊车梁平面位置校正,包括直线度(使同一纵轴线上各梁的中线在一条直线上)和跨距两项。一般 6 m 长、5 t 以内的吊车梁可用拉钢丝法和仪器放线法校正。12 m 长及 5 t 以上的吊车梁常采取边吊边校法校正。

(1) 通线法:根据柱轴线用经纬仪将吊车梁的中线放到一跨四角的吊车梁上,并用钢尺校核跨距,然后分别在两条中线上拉一根 16~18 号钢丝。钢丝中部用圆钢支垫,两端垫高 20 cm 左右,并悬挂重物拉紧,钢丝拉好后,凡是中线与钢丝不重合的吊车梁均应用撬杠予以拨正(图 7-31)。

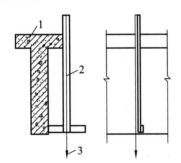

图 7-30 鱼腹式吊车梁垂直度校正

1—吊车梁;2—靠尺;3—线锤

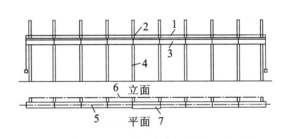

图 7-31 拉钢丝法校正吊车梁的平面位置

1—钢丝;2—圆钢;3—吊车梁;4—柱;5—吊车梁设计中线;
6—柱设计轴线;7—偏离中心线的吊车梁

(2) 平移轴线法:用经纬仪在各个柱侧面放一条与吊车梁中线距离相等的校正基准线。校正基准线至吊车梁中线距离 a 值,由放线者自行决定。校正时,凡是吊车梁中线至其柱侧基准线的距离不等于 a 值者,用撬杠拨正(图 7-32)。

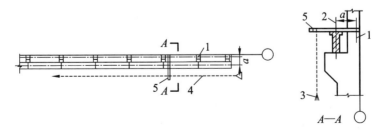

图 7-32 平移轴线法校正吊车梁的平面位置

1—校正基准线;2—吊车梁中线;3—经纬仪;4—经纬仪视线;5—木尺

3. 最后固定

吊车梁的最后固定,是在吊车梁校正完毕后,用连接钢板与柱侧面、吊车梁顶端的预埋铁件相焊接,并在接头处支模,浇灌细石混凝土完成的。

7.2.3 屋架吊装

1. 绑扎

屋架的绑扎应在节点上或靠近节点。翻身(扶直)屋架时,吊索与水平线的夹角不宜小于 60°,吊装时不宜小于 45°。绑扎中心(各支吊索内力的合力作用点)必须在屋架重心之上,否则,屋架起吊后会倾翻。具体绑扎方法应根据屋架的跨度、安装高度和起重机的吊杆长度确定。图 7-33 所示为屋架翻身和吊装的几种绑扎方法。

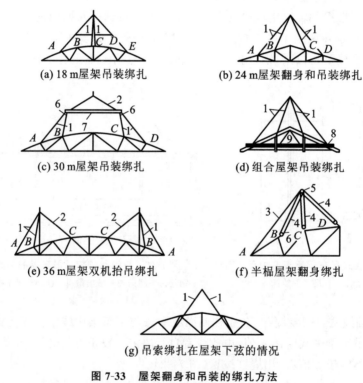

(a) 18 m屋架吊装绑扎　　　　　　(b) 24 m屋架翻身和吊装绑扎

(c) 30 m屋架吊装绑扎　　　　　　(d) 组合屋架吊装绑扎

(e) 36 m屋架双机抬吊绑扎　　　　(f) 半榀屋架翻身绑扎

(g) 吊索绑扎在屋架下弦的情况

图 7-33　屋架翻身和吊装的绑扎方法
1—长吊索对折使用;2—单根吊索;3—平衡吊索;4—长吊索穿滑车组;
5—双门滑车;6—单门滑车;7—横吊梁;8—铅丝;9—加固木杆

2. 翻身(扶直)

屋架都是平卧生产的,运输或吊装时必须先翻身。由于屋架平面刚度差,翻身中易损坏,为此,必须采取有效措施或合理的扶直方法。应注意:①跨度 18 m 以上的屋架,应在两端用方木搭设井字架为支点翻身扶直时屋架可搁置于其上(图 7-34);②24 m 以上的屋架,一般在屋架下弦中节点处设置垫点,使屋架在翻身过程中,下弦中部始终着实(图 7-35),屋架立直后,下弦的两端应着实,而中部则应悬空,为此,中垫点垫木的厚度应适中;③凡屋架高度超过 1.7 m,应在其表面加绑木、竹或钢管横杆,用以加强屋架平面刚度。

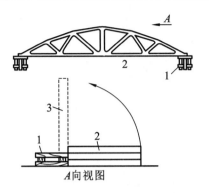

图 7-34　重叠生产的屋架翻身

1—井字架;2—屋架;3—屋架立直

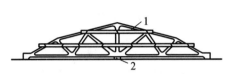

图 7-35　设置中垫点翻屋架

1—加固木杆;2—下弦中节点垫点

按照起重机与屋架的相对位置的不同,屋架扶直分为正向扶直和反向扶直(图 7-36)。

(1)正向扶直:起重机位于屋架下弦一侧,吊钩对准屋架中心。起吊过程中以屋架下弦为轴缓慢旋转为直立状态。

(2)反向扶直:起重机位于屋架上弦一侧,吊钩对准屋架中心。起吊过程中以屋架下弦为轴缓慢旋转为直立状态。正向扶直比较安全,应尽可能采用正向扶直。扶直后应立即就位。就位是指把屋架移放到吊装便于操作的位置,一般靠柱边斜放或 3~5 榀为一组平行于柱边。屋架就位后应采取支撑或绑扎措施保持其稳定性。

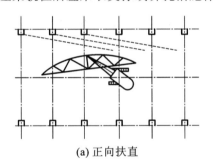

(a) 正向扶直

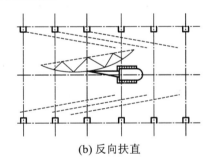

(b) 反向扶直

图 7-36　屋架的扶直与就位

3. 起吊

屋架起吊前,应在屋架上弦自中央向两边分别弹出天窗架、屋面板的安装位置线和在屋架下弦两端弹出屋架中线;在柱顶上弹出屋架安装中线,屋架安装中线应按厂房的纵横轴线投上去。屋架起吊有单机吊装和双机抬吊两种方法。

1) 单机吊装

先将屋架吊离地面 50 cm 左右,使屋架中心对准安装位置中心,然后徐徐升钩,将屋架吊至柱顶以上 30 cm 的位置,再用溜绳旋转屋架使其对准柱顶,落钩就位(图 7-37)。落钩应缓慢进行,并在屋架刚接触柱顶时刹车对线。随后做临时固定,并同时进行垂直度校正和最后固定工作。

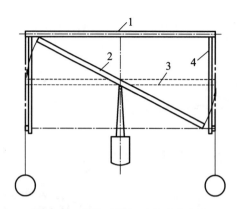

图 7-37 升钩时屋架对准跨度中心

1—已吊好的屋架;2—正吊装的屋架;3—正吊装屋架的安装位置;4—吊车梁

2）双机抬吊

当屋架质量较大,一台起重机无法完成作业时采用双机抬吊。把屋架立于跨中,两台起重机共同抬吊屋架(图 7-38)。抬吊的方法有:①一机回转一机跑吊;②双机跑吊。

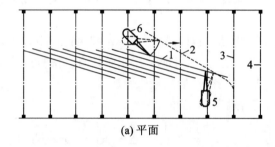

(a) 平面

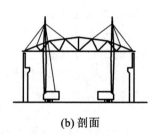

(b) 剖面

图 7-38 双机抬吊安装屋架

1—准备起吊的屋架;2—调档后的屋架;3—准备就位的屋架;4—已安装好的屋架;5—起重机甲;6—起重机乙

4. 临时固定、校正、最后固定

第一榀屋架就位后,一般在其两侧各设置两道缆风绳做临时固定,并用缆风绳来校正垂直度(图 7-39)。以后的各榀屋架,可用屋架校正器做临时固定和校正(图 7-40)。跨度为15 m以内的屋架用一根校正器;跨度为 18 m 以上的屋架用两根校正器。屋架校正器的构造,如图 7-41 所示。校正无误后立即用电焊固定,焊接时应在屋架的两侧同时对角施焊,不得同侧同时施焊,避免因焊缝收缩使屋架倾斜。施焊后,才可卸钩。

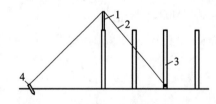

图 7-39 第一榀屋架用缆风绳临时固定

1—屋架;2—缆风绳;3—柱;4—木桩

7.2.4 天窗架、屋面板吊装

（1）天窗架常用单独吊装,也可与屋架拼装成整体同时吊装。单独吊装时,应待屋架两侧屋面板吊装后进行,采用两点或四点绑扎,并用工具式夹具或圆木进行临时加固(图 7-42a)。

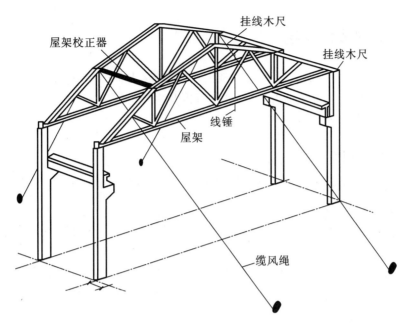

图 7-40　用屋架校正器临时固定和校正屋架

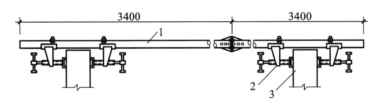

图 7-41　屋架校正器

1—钢管；2—撑脚；3—屋架上弦

（2）屋面板多采用一钩多块叠吊或平吊法，以发挥起重机的性能。吊装顺序：由两边檐口开始，左右对称逐块向屋脊安装，避免屋架承受半跨荷载。屋面板对位后应立即焊接牢固，每块板不少于三个角点焊接（图 7-42b，图 7-42c）。

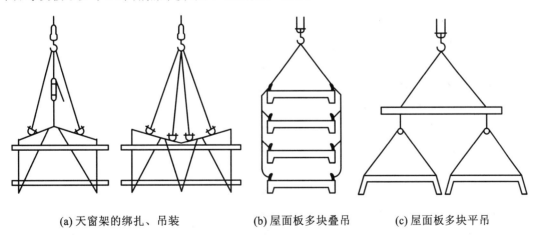

(a) 天窗架的绑扎、吊装　　　　(b) 屋面板多块叠吊　　　　(c) 屋面板多块平吊

图 7-42　天窗架、屋面板吊装

7.2.5 结构吊装方案

单层工业厂房的特点:平面尺寸大、构件种类少、质量大,有着各种设备基础。拟定的结构安装方案应着重解决起重机的选择、单位工程以及主要构件吊装方法的选择、吊装工程顺序安排和构件平面布置等问题。

1. 起重机的选择

起重机的选择包括起重机的类型选择、起重机型号选择和起重机数量的确定。

1) 起重机的类型选择

选择起重机类型需综合考虑的因素:①结构的跨度、高度、构件质量和吊装工程量;②施工现场条件;③工期要求;④施工成本要求;⑤本企业或本地区现有起重设备状况。

一般来说,吊装工程量较大的单层装配式结构宜选用履带式起重机;工程位于市区或工程量较小的装配式结构宜选用汽车式起重机;道路遥远或路况不佳的偏僻地区,吊装工程则可考虑独脚、人字扒杆或桅杆式起重机等简易起重机械;对多层装配式结构,常选用大起重量的履带式起重机或塔式起重机;对高层或超高层装配式结构则需选用附着式或内爬式塔式起重机。

2) 起重机型号的选择

选择原则:所选起重机的三个参数,即起重量 Q、起重高度 H、工作幅度(回转半径)R 均需满足结构吊装要求。

(1) 起重量。

单机吊装起重量按下式选择:

$$Q \geqslant Q_1 + Q_2 \tag{7-1}$$

式中 Q_1——构件质量(t);

       Q_2——索具质量(t)。

(2) 起重高度:

$$H \geqslant h_1 + h_2 + h_3 + h_4 \tag{7-2}$$

式中 H——起重机的起重高度(m);

       h_1——安装点的支座表面高度(m),从停机面算起;

       h_2——安装对位时的空隙高度(m),不少于 0.3 m;

       h_3——绑扎点到构件吊起底面时距离(m);

       h_4——绑扎点至吊钩中心的索具高度(m)。

(3) 起重半径。

① 当起重机的停机位不受限制时,对起重半径没有要求。可根据 Q-H 数值查表选择起重机型号。

② 当起重机的停机位受限制时,需根据起重量 Q、起重高度 H 和起重半径 R 三个参数查阅起重机性能曲线来选择起重机的型号及臂长。

③ 当起重机的起重臂需跨过已安装的结构去吊装构件时,为避免起重臂与已安装结构相碰,可采用数解法或图解法求出起重机的最小臂长及起重半径。计算方法有图解法和数解法(图 7-43)。

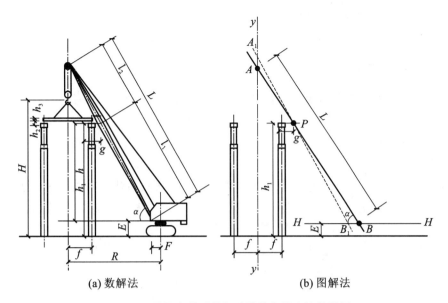

(a) 数解法　　　　　　　　(b) 图解法

图 7-43　屋面安装时的起重臂最小长度计算简图

（4）最小起重臂长的确定。

当起重机的起重臂必须跨过已经吊好的构件上空时，为了不碰撞到已完成构件，臂长必须满足最小值。最小值 L 的计算方法：

$$L \geqslant l_1 + l_2 = \frac{h}{\sin\alpha} + \frac{f+g}{\cos\alpha} \tag{7-3}$$

式中　L——起重臂最小长度(m)；

　　　h——起重臂底铰至构件吊装支座的高度(m)，$h = h_1 - E$；

　　　f——起重钩需跨过已吊装好的构件的水平距离(m)；

　　　g——起重臂轴线与已安装好的构件的水平距离，至少取 1 m；

　　　α——吊装时的起重仰角。

为求最小臂长，用数学中的微分法算出角度值 α，把 α 值代入最小值 L 的计算公式即可求得最小臂长值 L。

起重半径：

$$R = F + L\cos\alpha \tag{7-4}$$

式中　F——起重臂下铰点至回转轴中心水平距离(m)。

2. 起重机数量计算

起重机数量根据工程量、工期和起重机的台班产量确定，按下式计算：

$$N = \frac{1}{T \cdot C \cdot K} \cdot \sum \frac{Q_i}{P_i} \tag{7-5}$$

式中　N——起重机台数；

　　　T——工期(d)；

　　　C——每天工作班数；

　　　K——时间利用系数，一般取 0.8～0.9；

　　　Q_i——每种构件的安装工程量(件或吨)；

P_i——起重机的台班产量定额(件/台班或吨/台班)。

此外,决定起重机数量时,还应考虑到构件运输、拼装工作的需要。

3. 结构吊装方法

结构吊装方法根据各种分类方法区分有以下几种。

1) 按构件的吊装次序区分

结构吊装按构件的吊装次序可分为分件吊装法、节间吊装法和综合吊装法。

(1) 分件吊装法。

分件吊装法是指起重机在单位吊装工程内每开行一次只吊装一种构件的方法。

本法的主要优点是:①施工内容单一,准备工作简单,构件吊装效率高,且便于管理;②可利用更换起重臂长度的方法分别满足各类构件的吊装(如采用较短起重臂吊柱,接长起重臂后吊屋架)。主要缺点是:①起重机行走频繁;②不能按节间及早为下道工序创造工作面;③屋面板吊装往往另需辅助起重设备。

(2) 节间吊装法。

节间吊装法是指起重机在吊装工程内的一次开行中,分节间吊装完各种类型的全部构件或大部分构件的吊装方法。

本法主要优点:①起重机行走路线短;②可及早按节间为下道工序创造工作面。主要缺点:①要求选用起重量较大的起重机,其起重臂长度要一次满足吊装全部各种构件的要求,因而不能充分发挥起重机的技术性能;②各类构件均须运至现场堆放,吊装索具更换频繁,管理工作复杂。

起重机开行一次吊装完房屋全部构件的方法一般只在下列情况下采用:①吊装某些特殊结构(如门架式结构)时;②采用某些移动比较困难的起重机(如桅杆式起重机)时。

(3) 综合吊装法。

综合吊装法是指建筑物内一部分构件采用分件吊装法吊装,一部分构件采用节间吊装法吊装的方法。此法吸取了分件吊装法和节间吊装法的优点,是建筑结构中较常用的方法。普遍做法是:①采用分件吊装法吊装柱、柱间支撑、吊车梁等构件;②采用节间吊装法吊装屋盖的全部构件。

2) 按起重机行驶路线区分

结构吊装按起重机行驶路线可分为跨内吊装法和跨外吊装法,具体根据起重机的起重能力和现场施工实际情况选择。当吊装屋架、屋面板等屋面构件时,起重机大多沿跨中开行;当吊装柱子时要根据厂房跨度、柱子尺寸及重量大小、吊车性能等因素选择跨中或跨边开行(图 7-44)。可能情况有:吊装柱子时,当起重半径 $R \geqslant L/2$(厂房跨度)时,起重机沿跨中开行,每个停机位可吊两根柱子;当 $R < L/2$ 时,起重机沿跨边开行,每个停机位可吊一根柱子;当 $R \geqslant \sqrt{a^2 + \left(\dfrac{b}{2}\right)^2}$ 时,则可吊四根柱子;当 $R \geqslant \sqrt{\left(\dfrac{L}{2}\right)^2 + \left(\dfrac{b}{2}\right)^2}$ 时,则可吊二根柱子(图 7-45)。

4. 结构吊装顺序

结构吊装顺序是指一个单位吊装工程在平面上的吊装次序。例如,在哪一跨始吊,从何节间始吊;如果划分施工段,其流水作业的顺序如何等。

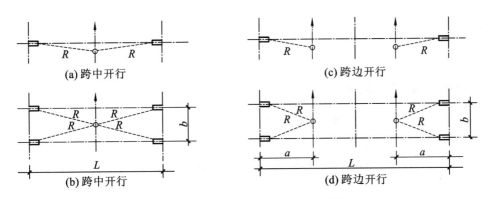

图 7-44 起重机吊装柱时的开行路线及停机位置

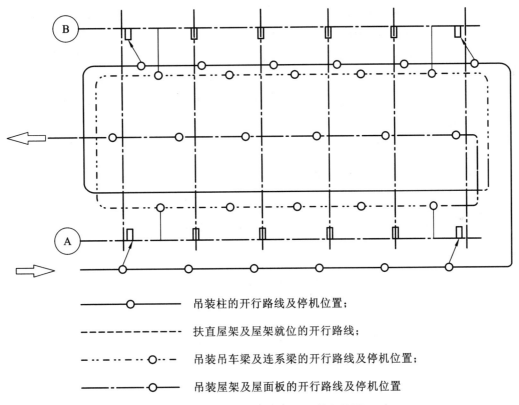

图 7-45 起重机的开行路线及停机位置

确定吊装顺序需注意以下几点。

(1) 应考虑土建和设备安装等后续工序的施工顺序,以满足整个单位工程施工进度的要求。如某一跨度内,土建施工复杂或设备安装复杂,需较长的工作天数,则往往要安排该跨度先吊装,好让后续工序尽早开工。

(2) 尽量与土建施工的流水顺序相一致。

(3) 满足提高吊装效率和安全生产的要求。

(4) 根据吊装工程现场的实际情况(如道路、相邻建筑物、高压线位置等),确定起重机从何处始吊,从何处退场。

7.2.6　吊装构件的平面布置

1. 构件平面布置的原则

进行结构构件的平面布置时,一般应考虑以下几点。

(1) 满足吊装顺序的要求。

(2) 简化机械操作。即将构件堆放在适当位置,使起吊安装时,起重机的跑车、回转和起落吊杆等动作尽量减少。

(3) 保证起重机的行驶路线畅通和安全回转。

(4) "重近轻远"。即将重构件堆放在距起重机停点比较近的地方,轻构件堆放在距停点比较远的地方。单机吊装接近满荷载时,应将绑扎中心布置在起重机的安全回转半径内,并应尽量避免起重机荷载行驶。

(5) 要便于进行下述工作:检查构件的编号和质量;清除预埋铁件上的水泥砂浆块;对空心板进行堵头;在屋架上、下弦安装或焊接支撑连接件;对屋架进行拼装、穿筋和张拉等。

(6) 便于堆放。重屋架应按上述第(4)点办理,对于轻屋架,如起重机可以负荷行驶,可两榀或三榀靠柱子排放在一起。

(7) 现场预制构件要便于支模、运输及浇筑混凝土以及便于抽芯、穿筋、张拉等。

2. 预制阶段主要构件的平面布置

(1) 柱的布置。

柱的布置有斜向布置和纵向布置两种布置方法(图 7-46)。

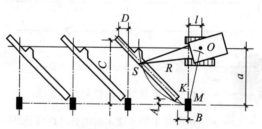

(a) 柱的斜向布置1(三点共弧)

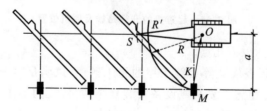

(b) 柱的斜向布置2(两点共弧)

图 7-46　柱的布置

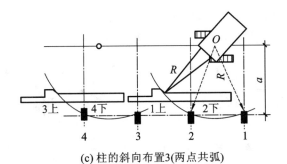

(c) 柱的斜向布置3(两点共弧)

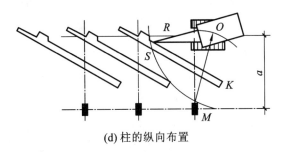

(d) 柱的纵向布置

续图 7-46

（2）屋架的预制布置。

屋架一般在跨内平卧叠浇预制，每叠 3～4 榀，布置的方式有斜向布置、正反斜向布置及正反纵向布置三种（图 7-47）。

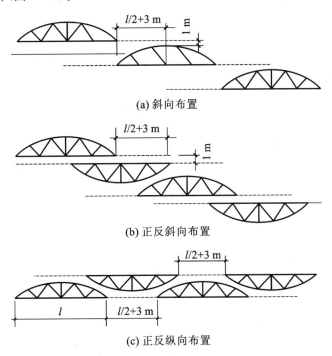

(a) 斜向布置

(b) 正反斜向布置

(c) 正反纵向布置

图 7-47 屋架预制的现场布置

3．安装阶段主要构件的平面布置

（1）屋架的扶直就位。

屋架扶直后立即进行就位。屋架的预制位置与就位位置均在起重机开行路线的同一侧，称为同侧就位;将屋架由预制的一边转至起重机开行路线的另一边,称为异侧就位(图 7-48)。

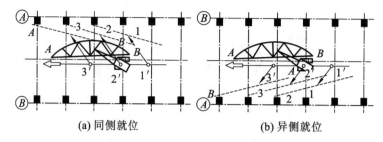

(a) 同侧就位　　　　　　　(b) 异侧就位

图 7-48　屋架就位示意图

① 屋架靠柱边的斜向就位。

屋架一般靠柱边就位,屋架离开柱边的净距大于等于 20 cm,考虑起重机尾部的安全回转距离 $A+0.5$ m 不宜布置构件,P、Q 两虚线间即为屋架的就位范围(图 7-49)。

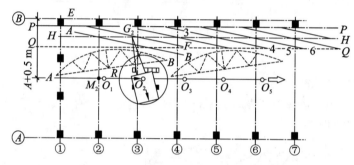

图 7-49　屋架斜向就位示意图

② 屋架的成组纵向就位。

一般以 4~5 榀为一组靠柱边顺轴纵向就位(图 7-50)。

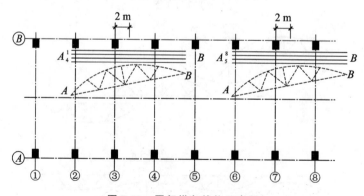

图 7-50　屋架纵向就位示意图

(2) 吊车梁、连系梁、屋面板的就位。

吊车梁、连系梁的就位位置一般在其吊装位置的柱列附近,跨内、跨外均可。当在跨内就位时,屋面板应后退 3~4 个节间开始堆放;若在跨外就位,屋面板应后退 1~2 个节间开始堆放(图 7-51)。

构件应按吊装顺序及编号进行就位或集中堆放。梁式构件一般叠放 2~3 层,大型屋面板不超过 6~8 层。

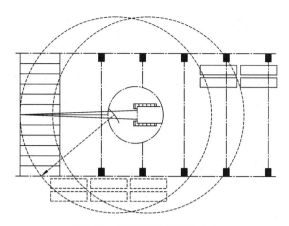

图 7-51　屋面板吊装就位布置

如图 7-52 所示为某车间预制构件平面布置。

4. 吊装前的构件堆放平面布置示例

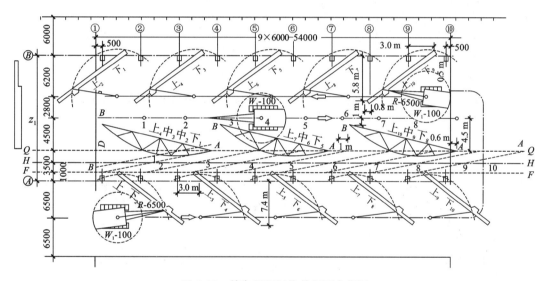

图 7-52　某车间预制构件平面布置图

7.3　钢结构单层工业厂房安装

7.3.1　吊装前的准备工作

1. 做好施工组织设计

施工组织设计的内容包括:计算钢结构构件和连接件数量,选择起重机械,确定构件吊装方法,确定吊装流水程序,编制进度计划,确定劳动组织,构件的平面布置,确定质量保证措施、安全措施等。

2. 基础的准备

施工时应保证基础顶面标高及地脚螺栓位置准确。其允许偏差:基础顶面高差为

±2 mm,倾斜度为 1/1000;地脚螺栓位置的允许偏差,在支座范围内为 5 mm。为保证基础顶面标高的准确,施工时可采用一次浇筑法或二次浇筑法进行。

（1）一次浇筑法。

先将基础砼浇筑至设计标高下 40～60 mm 处,再用细石砼精确找平至设计标高。此法要求钢柱制作精确,并要求细石砼和下层砼紧密黏结(图 7-53)。

（2）二次浇筑法。

钢柱基础分两次浇筑。第一次浇筑到比设计高程低 40～60 mm 处,待砼有一定强度后,在其上放置钢垫板,精确校准钢垫板高程,然后吊装钢柱(图 7-54)。当钢柱吊装完毕后再于柱脚处浇筑细石砼(图 7-55)。此法矫正柱子比较容易,多用于重型钢柱安装。

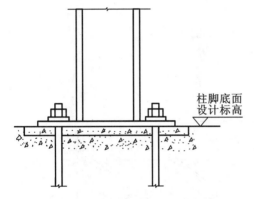

图 7-53　钢柱基础的一次浇筑法

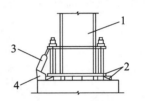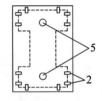

图 7-54　钢柱垂直度矫正及承重块布置

1—钢柱;2—承重块;3—千斤顶;
4—钢托座;5—标高控制块

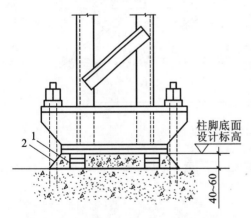

图 7-55　钢柱基础的二次浇筑法

1—调整柱子用的钢垫板;
2—柱子安装后浇筑的细石混凝土

基础采用二次浇筑混凝土施工时,钢柱脚应采用钢垫板或坐浆垫板支承。垫板应设置在靠近地脚螺栓柱底脚加劲板或柱脚下。每根地脚螺栓侧应设置 1～2 组垫块,每组垫板不得多于 5 块。当采用成对斜垫板时,其叠合长度不应小于垫板长度的 2/3。采用坐浆垫板时应使用无收缩砂浆,柱子吊装前砂浆强度等级应小于或等于基础砼强度等级。

3．构件的检查与弹线

（1）在吊装钢构件之前,应检查构件的外形和几何尺寸。

（2）在钢柱的底部和上部标出两个方向的轴线,在底部适当高度标出标高准线。

（3）对不易辨别上下、左右的构件,应在构件上加以标明,以免吊装时搞混。

4．构件的运输、堆放

（1）钢构件应根据施工组织设计要求的施工顺序,分单元成套供应。

（2）钢构件在运输时:运输车辆上的支点、两端伸出的长度及绑扎方法均应保证构件不产生变形,不损伤涂层。

（3）钢构件的堆放。

① 堆放的场地应平整坚实,无积水。

② 堆放时应按构件的种类、型号、安装顺序分区存放。

③ 钢结构底层应设有垫枕,并且应有足够的支承面,以防支点下沉。

④ 相同型号的钢构件叠放时,各层钢构件的支点应在同一垂直线上,并应防止钢构件被压坏和变形。

7.3.2　构件的吊装

构件的吊装工作包括钢柱、吊车梁、钢屋架等的安装。

1. 钢柱的吊装

（1）钢柱的吊升。

钢柱的吊升可采用自行式或塔式起重机,用旋转法或滑行法吊升。当钢柱较重时,可采用双机抬吊,如图 7-56 所示。

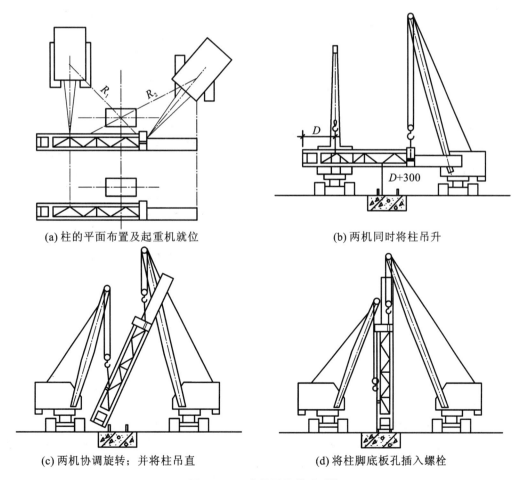

(a) 柱的平面布置及起重机就位　　　　　(b) 两机同时将柱吊升

(c) 两机协调旋转;并将柱吊直　　　　　(d) 将柱脚底板孔插入螺栓

图 7-56　两点抬吊吊装重型柱

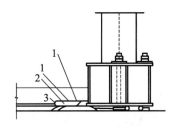

图 7-57 钢柱位置矫正
1—螺旋千斤顶;2—链条;3—千斤顶托座

(2)钢柱的校正与固定。

钢柱的校正包括平面位置、标高、垂直度的校正。

① 平面位置的校正:用经伟仪从两个方向检查钢柱的安装准线。如果发现轴线不重合时,对钢柱应先松地脚螺栓,再通过撬杠拨动等措施使柱底位移到轴线基准点。对于重型钢柱可采用螺旋千斤顶加链条套环托座沿水平方向矫正(图 7-57)。

② 标高的校正:在吊升前应安放标高控制块以控制钢柱底部标高。

③ 垂直度的校正:用经伟仪检查钢柱的垂直度,如超过允许偏差,用千斤顶进行校正。

钢柱的固定:为防止钢柱校正后的轴线位移,应在柱底板四边用 10 mm 厚钢板定位,并电焊牢固。

钢柱复校后,紧固地脚螺栓,并将承重垫块上下点焊固定,防止走动。

单层钢结构中钢柱安装的允许偏差见表 7-1。

表 7-1 单层钢结构中钢柱安装的允许偏差

项 目		允许偏差/mm	图 例	检验方法
柱脚底座中心线对定位轴线的偏移		5.0		用吊线和钢尺检查
柱基准点标高	有吊车梁的柱	+3.0 −5.0		用水准仪检查
	无吊车梁的柱	+5.0 −8.0		
弯曲矢高		$H/1200$ 且不大于 15.0		用经纬仪或拉线和钢尺检查
柱轴线垂直度	单层柱 $H<10$ m	10.0		用经纬仪或吊线和钢尺检查
	单层柱 $H>10$ m	$H/1000$ 且不大于 25.0		
	多节柱 单节柱	$H/1000$ 且不大于 10.0		
	多节柱 柱全高	35.0		

2. 钢吊车梁的吊装

钢吊车梁的吊装方法和内容与钢筋混凝土吊车梁相同。具体步骤如下。

(1)钢吊车梁的吊升。

① 钢吊车梁可用自行式起重机吊装,也可以用塔式起重机、桅杆式起重机等进行吊装。

② 钢吊车梁吊装时应注意钢柱吊装后的位移和垂直度的偏差,认真做好临时标高垫块工作,严格控制定位轴线,实测吊车梁搁置处梁高制作的误差。

(2)钢吊车梁的校正与固定。

钢吊车梁校正的内容包括标高、垂直度、轴线、跨距的校正。

①标高的校正可在屋盖吊装前进行。校正时用千斤顶或起重机对梁作竖向移动,并垫钢板,使其偏差在允许范围内。

②钢吊车梁轴线的校正可用通线法和平移轴线法,跨距的检验用钢尺测量,跨度大的车间用弹簧秤拉测,如超过允许偏差,可用撬棍、钢楔、花篮螺丝、千斤顶等校正。

钢吊车梁安装允许偏差见表 7-2。

表 7-2　钢吊车梁安装允许偏差

项　目		允许偏差/mm	图　例	检验方法
梁跨中的垂直度 △		$h/500$		用吊线和钢尺检查
侧向弯曲矢高		$l/1500$ 且不大于 10.0		用拉线和钢尺检查
垂直上拱矢高		10.0		
两端支座中心位移(△)	安装在钢柱上,对牛腿中心的偏移	5.0		
	安装在混凝土柱上,对定位轴线偏移	5.0		
吊车梁支座加劲板中心与柱子承压加劲板中心偏移(△₁)		$t/2$		用吊线和钢尺检查
同跨间内同一横截面吊车梁顶面高差 △	支座处	10.0		用经纬仪水准仪和钢尺检查
	其他处	15.0		
同跨间内同一横截面下挂式吊车梁底面高差 △		10.0		
同列相邻两柱间吊车梁顶面高差 △		$l/1500$ 且不大于 10.0		用水准仪和钢尺检查
同跨间任一截面的吊车梁中心跨距		±10.0		用经纬仪和光电测距仪检查;跨度小时,可用钢尺检查
相邻两吊车梁接头部位	中心错位	3.0		用钢尺检查
	上承式顶面高差	1.0		
	上承式底面高差	1.0		
轨道中心对吊车梁腹板轴线偏移 △		$t/2$		用吊线和钢尺检查

3. 钢屋架的吊装与校正

钢屋架吊装可采用自行式起重机、塔式起重机或桅杆式起重机等进行吊装。钢屋架的临时固定可用临时螺栓和冲钉。钢屋架的侧向稳定性差,必要时应绑几道杉木杆作为临时加固措施。如果起重机的起重量、起重臂的长度允许时,应先将两榀屋架及其上部的天窗架、檩条、支撑等拼装成为整体,然后再一次吊装。

钢屋架的校正内容主要包括垂直度和弦杆的正直度校正。垂直度用垂球检验,弦杆的正直度用拉紧的测绳进行检验。

钢屋架用电焊或高强螺栓进行最后固定。用焊接固定时,应避免在屋架的两端同侧同时施焊,防止焊缝收缩造成屋架倾斜。当屋架焊缝全部完成后,起重机才可以松钩。只有等屋架矫正完毕最后固定,并安装了若干块屋面板(或安装完上弦支撑)后,才能将屋架矫正器取下。

钢屋架允许偏差见表 7-3。

表 7-3　钢屋架允许偏差

项　　目		允许偏差/mm	图　　例
跨中的垂直度		$h/250$ 且不大于 15.0	
侧向弯曲矢高 f	$l \leqslant 30$ m	$l/1000$ 且不大于 10.0	
	30 m$<l\leqslant$60 m	$l/1000$ 且不大于 30.0	
	$l>$60 m	$l/1000$ 且不大于 50.0	

7.3.3　连接与固定

钢结构连接方法通常有三种:焊接、铆接和螺栓连接。

钢构件的连接接头应经检查合格后方可紧固或焊接。焊接和高强度螺栓并用的连接,当设计无特殊要求时,应按先栓后焊的顺序施工。

1. 摩擦面的处理

高强度螺栓连接构件摩擦面可用喷砂、喷(抛)丸、酸洗或砂轮打磨等方法进行处理。处理好的摩擦面应有保护措施,不得涂油漆或污损。磨擦面的抗滑移系数应符合设计要求。

2. 连接板安装

高强度螺栓板面接触要平整。

3. 高强度螺栓安装

(1) 安装要求。

① 钢结构拼装前,应清除飞边、毛刺、焊接飞溅物。摩擦面应保持干燥、整洁,不得在雨中作业。

② 高强度螺栓连接副应按批号分别存放,并应在同批内配套使用。

③ 施工前,大六角头高强度螺栓(图 7-58)连接副应按出厂批号复验扭矩系数;扭剪高强度螺栓(图 7-59)连接副应按出厂批号复验预拉力。复验合格后方可使用。

图 7-58　大六角头高强度螺栓

图 7-59　扭剪型高强度螺栓

(2) 安装方法。

① 高强度螺栓安装前接头应采用冲钉和螺栓临时连接,临时螺栓的数量应为接头上螺栓总数的 1/3,并不少于两个;冲钉使用数量不宜超过临时螺栓数量的 30%。对错位的螺栓孔应用铰刀或粗锉刀进行规整处理,处理时应先紧固临时螺栓主板至板间无间隙,以防切屑落入。钢结构应在临时螺栓连接状态下进行安装精度校正。

② 钢结构安装精度调整达到校准规定后便可安装高强度螺栓。先安装接头中未装临时螺栓和冲钉的螺孔。将安装上的高强度螺栓用普通扳手充分拧紧后,再逐个用高强度螺栓换下冲钉和临时螺栓。

4. 高强度螺栓的紧固

高强度螺栓的紧固可分为初拧和终拧。对于大型节点应分初拧、复拧和终拧,复拧扭矩应等于初拧扭矩,初拧扭矩值不得小于终拧扭矩值的 30%,一般为终拧扭矩的 60% ～ 80%。高强度螺栓的安装应按一定顺序施拧,宜由螺栓群中央顺序向外拧紧,并应在当天终拧完毕,其外露丝扣不得少于 3 扣。对已紧固

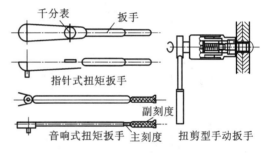

图 7-60　手动扭矩扳手

的高强度螺栓,应逐个检查验收。对终拧用电动扳手紧固的扭剪型高强度螺栓,应以目测尾部梅花头拧掉为合格。施工扭矩值的检查在终拧完成 1～48 h 内进行。紧固高强度螺栓所用扳手如图 7-60～图 7-62 所示。

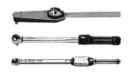

图 7-61　可控扭矩扳手

图 7-62　响声式扭矩扳手

7.4　结构吊装工程质量与安全技术

7.4.1　混凝土结构吊装工程质量

1. 混凝土结构吊装工程质量要求

(1) 从事结构吊装人员必须充分重视工程质量。结构吊装工程质量是建筑物的主体工程质量的重要组成部分,它直接关系到建筑物的安全性、使用功能和耐久性能。

（2）在进行构件的运输或吊装前,必须认真对构件的制作质量进行复查验收。此前,制作单位须先行自查,然后向运输单位和吊装单位提交构件出厂证明书(附混凝土试块强度报告),并在自查合格的构件上加盖"合格"印章。

复查验收内容主要包括构件的混凝土强度和构件的观感质量。检查混凝土强度,主要是查阅混凝土试块的试验报告单,看其强度是否符合设计要求和运输、吊装要求。检查构件的观感质量,主要是看构件有无裂缝,或裂缝宽度、混凝土密实度(蜂窝、孔洞及露筋情况)和外形尺寸偏差是否符合设计要求和规范要求。

混凝土预制构件的尺寸偏差应符合表 7-4 的规定。

表 7-4　预制构件尺寸的允许偏差及检验方法

项　　目		允许偏差/mm	检　验　方　法
长度	板、梁	+10,−5	钢尺检查
	柱	+5,−10	
	墙板	±5	
	薄腹梁、桁架	+15,−10	
宽度、高(厚)度	板、梁、柱、墙板、薄腹梁、桁架	±5	钢尺量一端及中部,取其中较大值
侧向弯曲	梁、柱、板	$l/750$ 且不大于 20	拉线、钢尺量最大侧向弯曲处
	墙板、薄腹梁、桁架	$l/1000$ 且不大于 20	
预埋件	中心线位置	10	钢尺检查
	螺栓位置	5	
	螺栓外露长度	+10,−5	
预留孔	中心线位置	5	钢尺检查
预留洞	中心线位置	15	钢尺检查
主筋保护层厚度	板	+5,−3	钢尺或保护层厚度测定仪量测
	梁、柱、墙板、薄腹板、桁架	+10,−5	
对角线差	板、墙板	10	钢尺量两个对角线
表面平整度	板、墙板、柱、梁	5	2 m 靠尺和塞尺检查
预应力构件预留孔道位置	梁、墙板、薄腹梁、桁架	3	钢尺检查
翘曲	板	$l/750$	调平尺在两端量测
	墙板	$l/1000$	

注:1.l 为构件长度(mm);
　　2.检查中心线、螺栓和孔道位置时,应沿纵、横两个方向量测,并取其中的较大值;
　　3.对形状复杂或有特殊要求的构件,其尺寸偏差应符合标准图或设计要求。

（3）混凝土构件的安装质量必须符合下列要求。

① 保证构件在吊装中不断裂。为此,吊装时构件的混凝土强度、预应力混凝土构件孔道灌浆的水泥砂浆强度以及下层结构承受内力的接头(接缝)的混凝土或砂浆的强度,必须符合设计要求。设计无规定时,混凝土的强度不应低于设计强度等级的 70%,预应力混凝土构件孔道灌浆的强度不应低于 15 MPa,下层结构承受内力的接头(接缝)的混凝土或砂浆的

强度不应低于 10 MPa。

② 保证构件的型号、位置和支点锚固质量符合设计要求,且无变形、损坏现象。

③ 保证连接质量。混凝土构件之间的连接,一般有焊接和浇筑混凝土接头两种。为保证焊接质量,焊工必须经过培训并取得考试合格证;所焊焊缝的观感质量(气孔、咬边、弧坑、焊瘤、夹渣等情况)、尺寸偏差及内在质量均必须符合施工验收规范要求。为此,必须采用符合要求的焊条和科学的焊接规范。为保证混凝土接头质量,必须保证配制接头混凝土的各材料计量准确,浇捣密实并认真养护,其强度必须达到设计要求或施工验收规范的规定。

2. 混凝土构件安装的允许偏差和检验方法

混凝土构件安装的允许偏差和检验方法见表 7-5。

表 7-5　柱、梁、屋架等构件安装的允许偏差和检验方法

项次	项　　目			允许偏差/mm	检 验 方 法
1	杯形基础	中心线对轴线位置偏移		10	尺量检查
		杯底安装标高		+0,-10	用水准仪检查
2	柱	中心线对定位轴线位置偏移		5	尺量检查
		上下柱接口中心线位置偏移		3	
		垂直度	≤5 m	5	用经纬仪或吊线和尺量检查
			>5 m	10	
			≥10 m 多节柱	1/1000 柱高,且不大于 20	
		牛腿上表面和柱顶标高	≤5 m	+0,-5	用水准仪或尺量检查
			>5 m	+0,-8	
3	梁或吊车梁	中心线对定位轴线位置偏移		5	尺量检查
		梁上表面标高		+0,-5	用水准仪或尺量检查
4	屋架	下弦中心线对定位轴线位置偏移		5	尺量检查
		垂直度	桁架拱形屋架	1/250 屋架高	用经纬仪或吊线和尺量检查
			薄腹梁	5	
5	天窗架	构件中心线对定位轴线位置偏移		5	尺量检查
		垂直度		1/300 天窗架高	用经纬仪或吊线和尺量检查
6	托架梁	底座中心线对定位轴线位置偏移		5	尺量检查
		垂直度		10	用经纬仪或吊线和尺量检查
7	板	相邻板下表面平整度	抹灰	5	用直尺和楔形塞尺检查
			不抹灰	3	
8	楼梯阳台	水平位置偏移		10	尺量检查
		标高		±5	用水准仪和尺量检查
9	工业厂房墙板	标高		±5	
		墙板两端高低差		±5	

7.4.2　混凝土结构吊装安全技术

1. 安全设施

1) 路基箱

图 7-63 所示为铺设起重机行驶道路的路基箱,适用于场地土承载力较小地区的重构件吊装。

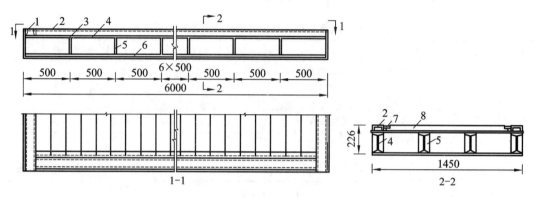

图 7-63　路基箱

1、2—8 号槽钢;3、6—钢板(—1450×8);4—16 号工字钢;

5—加劲板(—160×8);7—钢板(—50×10);8—硬木(150×50)

2) 操作台

图 7-64 所示为安装屋架用的简易操作台。

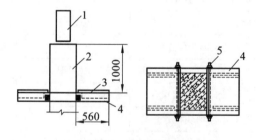

图 7-64　简易操作台

1—屋架;2—柱;3—脚手板(50 厚);4—方木(50×100);5—螺栓(M16)

图 7-65 所示为安装屋架用的折叠式操作台。

3) 钩挂安全带绳索

在屋架吊装中,沿屋架上弦系一根钢丝绳,并用钢筋钩环托起供钩挂安全带使用;也可在屋架上弦用钢管把钢丝绳架高 1 m 左右,供钩挂安全带使用,并兼作扶手使用(图 7-66)。

在安装和校正吊车梁时,在柱间距吊车梁上平面约 1 m 高处拉一根钢丝绳或白棕绳,供钩挂安全带使用,同时兼作扶手使用。

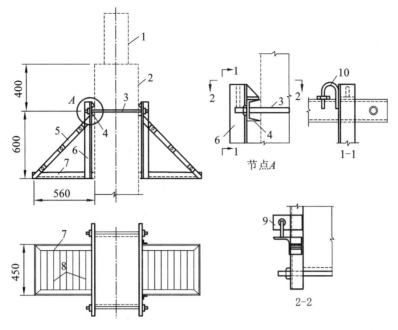

图 7-65　折叠式操作台

1—屋架;2—柱;3—螺栓(M16);4—5 号槽钢;5—扁钢(—40×4);

6、7—角钢(∟40×4);8—φ12 圆钢;9—钢板(—50×10);10—φ12 弯环

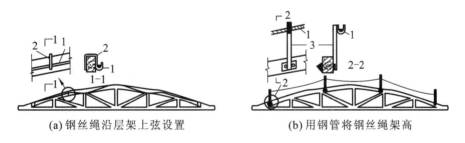

(a)钢丝绳沿屋架上弦设置　　　　　　(b)用钢管将钢丝绳架高

图 7-66　在屋架上弦设钩挂安全带用的钢丝绳

1—钢丝绳;2—钢筋钩环;3—钢管

2. 安全操作技术

1)防止起重机事故的措施

(1)起重机的行驶道路必须平坦坚实,要对地下基坑和松软土层进行处理。必要时,需铺设道木或路基箱。起重机不得停滞在斜坡上工作。当起重机通过墙基或地梁时,应在墙基两侧铺垫道木或石子,以免起重机直接辗压在墙基或地梁上。

(2)应尽量避免超载吊装。在某些特殊情况下难以避免时,应采取措施,如,在起重机吊杆上拉缆风绳或在其尾部增加平衡重等。起重机增加平衡重后,卸载或空载时,吊杆必须落到与水平线夹角 60°以内。在操作时应缓慢进行。

(3)禁止斜吊。斜吊是指所要起吊的重物不在起重机起重臂顶的正下方,因而当将捆绑重物的吊索挂上吊钩后,吊钩滑车组不与地面垂直,而与水平线成一个夹角,造成超负荷及钢丝绳出槽,甚至拉断绳索。斜吊还会使重物在离开地面后发生快速摆动,可能碰伤人或碰到其他物体。

(4) 起重机应避免带载荷行走,如需做短距离带载荷行走时,载荷不得超过允许起重量的 70%,构件离地面的距离不得大于 50 cm,并将构件转至正前方,拉好溜绳,控制构件摆动。

(5) 双机抬吊时,要根据起重机的起重能力进行合理的负荷分配,各单机载荷不得超过其允许载荷的 80%,并在操作时要统一指挥,互相密切配合。在整个抬吊过程中,两台起重机的吊钩滑车组均应基本保持垂直状态。

(6) 绑扎构件的吊索需经过计算,绑扎方法应正确牢靠。所有起重工具应定期检查。

(7) 不吊重量不明的重大构件或设备。

(8) 禁止在六级风的情况下进行吊装作业。

(9) 起重吊装的指挥人员必须持证上岗,作业时应与起重机驾驶员密切配合,执行规定的指挥信号。驾驶员应听从指挥,当信号不清或错误时,驾驶员可拒绝执行。

(10) 严禁起吊重物长时间悬挂在空中,作业中遇突发故障,应采取措施将重物降落到安全地方,并在关闭发动机或切断电源后进行检修。在突然停电时,应立即把所有控制器拨到零位,断开电源总开关,并采取措施使重物降到地面。

(11) 起重机的吊钩和吊环严禁补焊。当吊钩、吊环表面有裂纹、严重磨损或危险断面有永久变形时,应予以更换。

2) 防止高处坠落措施

(1) 操作人员在进行高处作业时,必须正确使用安全带。安全带一般应高挂低用,即将安全带绳端的钩环挂于高处,而人在低处操作。

(2) 在高处使用撬杠时,人要立稳,如附近有脚手架或已安装好的构件,应一手扶住,一手操作。撬杠的插进深度要适宜,如果撬动距离较大,则应逐步撬动,不宜急于求成。

(3) 雨天和雪天进行高处作业时,必须采取可靠的防滑、防寒和防冻措施。作业处和构件上有水、冰、霜、雪均应及时清除。

对进行高处作业的高耸建筑物,应事先设置避雷设施。遇有六级以上强风、浓雾等恶劣气候,不得从事露天高处吊装作业。暴风雪及台风、暴雨后,应对高处作业安全设施逐一检查,发现设施有松动、变形、损坏或脱落等现象,应立即修理完善。

(4) 登高用梯子必须牢固。梯脚底部应坚实,不得垫高使用。梯子的上端应有固定措施。立梯工作角度以 75°±5° 为宜,踏板上下间距以 30 cm 为宜,不得有缺档。

(5) 梯子如需接长使用,必须有可靠的连接措施,且接头不得超过 1 处,连接后梯梁的强度,不应低于单梯梯梁的强度。

(6) 固定式直爬梯应用金属材料制成。梯宽不应大于 50 cm,支撑应采用不小于∟70×6 的角钢,埋设与焊接均必须牢固。梯子顶端的踏棍应与攀登的顶面齐平,并加设 1~1.5 m高的扶手。

(7) 操作人员在脚手板上通行时,应思想集中,防止踏上挑头板。

(8) 安装有预留孔洞的楼板或屋面板时,应及时用木板盖严,或及时设置防护栏杆、安全网等防坠落措施。

(9) 电梯井口必须设防护栏杆或固定栅门;电梯井内应每隔两层并最多隔 10 m 设一道安全网。

(10) 进行屋架和梁类构件安装时,必须搭设牢固可靠的操作台。需在梁上行走时,应设置护栏横杆或绳索。

3）防止高处落物伤人措施

（1）地面操作人员必须戴安全帽。

（2）高处操作人员使用的工具、零配件等，应放在随身佩带的工具袋内，不可随意向下丢掷。

（3）在高处用气割或电焊切割时，应采取措施，防止火花落下伤人。

（4）地面操作人员，应尽量避免在高空作业面的正下方停留或通过，也不得在起重机的起重臂或正在吊装的构件下停留或通过。

（5）构件安装后，必须检查连接质量，只有连接确实安全可靠，才能松钩或拆除临时固定工具。

（6）设置吊装禁区，禁止与吊装作业无关的人员入内。

4）防止触电措施

（1）吊装工程施工组织设计中，必须有现场电气线路及设备位置平面图。现场电气线路和设备应由专人负责安装、维护和管理，严禁非专业人员随意拆改。

（2）施工现场架设的低压线路不得用裸导线。所架设的高压线应距建筑物 10 m 以外，距离地面 7 m 以上。跨越交通要道时，需加安全保护装置。施工现场夜间照明使用的电线及灯具，其高度不应低于 2.5 m。

（3）起重机不得靠近架空输电线路作业。起重机的任何部位与架空输电线路的安全距离不得小于表 7-6 的规定。

表 7-6　起重机与架空输电导线的安全距离

电压/kV 安全距离/m	<1	1～15	20～40	60～110	220
沿垂直方向	1.5	3.0	4.0	5.0	6.0
沿水平方向	1.0	1.5	2.0	4.0	6.0

（4）构件运输时，构件或车辆与高压线的净距不得小于 2 m，与低压线的净距不得小于 1 m。否则，应采取停电或其他保证安全的措施。

（5）现场各种电线接头、开关应装入开关箱内，用后加锁，停电必须拉下电闸。

（6）电焊机的电源线长度不宜超过 5 m，并必须架高。电焊机手把线的正常电压，在用交流电工作时为 60～80 V，要求手把线质量良好，如有破皮情况，必须及时用胶布严密包扎。电焊机的外壳应该接地。电焊线如与钢丝绳交叉时应有绝缘隔离措施。

（7）使用塔式起重机或长起重臂的其他类型起重机时，应有避雷防触电设施。

（8）各种用电机械必须有良好的接地或接零。接地线应用截面面积不小于 25 mm^2 的多股软裸铜线和专用线夹，不得用缠绕的方法接地和接零。同一供电网不得有的接地，有的接零。手持电动工具必须装设漏电保护装置。使用行灯的电压不得超过 36 V。

（9）在雨天或潮湿地点作业的人员，应穿戴绝缘手套和绝缘鞋。大风雪后，应对供电线路进行检查，防止断线造成触电事故。

7.5 装配式混凝土结构

在《混凝土结构工程施工质量验收规范》(GB 50204—2015)中,混凝土结构被定义为以混凝土为主制成的结构,包括素混凝土结构、钢筋混凝土结构和预应力混凝土结构。混凝土结构按施工方法可分为现浇混凝土结构和装配式混凝土结构。

现浇混凝土结构在前面的章节中已经有比较系统的介绍,本节主要介绍装配式混凝土结构。

7.5.1 装配式混凝土结构的定义

装配式混凝土结构:由预制混凝土构件通过各种可靠的连接方式装配而成的混凝土结构,包括装配整体式混凝土结构、全装配式混凝土结构等。装配式混凝土结构在建筑工程中,简称装配式建筑;在结构工程中,简称装配式结构。(出自《装配式混凝土结构技术规程》(JGJ 1—2014))

装配式结构的基本特征一般都包括设计标准化、生产工厂化、施工装配化、装修一体化、管理信息化。

图 7-67~图 7-69 所示为三一重工股份有限公司自动化程度很高的预制构件生产厂房。

图 7-67　三一重工的预制构件
生产厂房 1(湖南长沙)

图 7-68　三一重工的预制构件
生产厂房 2(湖南长沙)

图 7-69　三一重工的预制构件生产厂房 3(湖南长沙)

图 7-70、图 7-71 所示为位于湖南长沙的三一重工装配式结构构件厂里的生产场景,可以看到,每个机械化机具制作好的构件上都贴有一张合格证,上面有二维码,可以很方便地用手机或者相应的仪器扫描及追踪到每个构件生产和使用的信息。

图 7-70　装配式结构构件生产场景 1　　　　图 7-71　装配式结构构件生产场景 2

从图 7-72 和图 7-73 中可以看出,制作好的构件中已经集成了保温隔热层,提前做好了管线的预埋,并且摆放在专门的堆放架中,方便吊运和堆放。同时,我们可以看到,预制构件的边缘专门做成了露骨料粗糙面。

图 7-72　装配式结构构件成品 1　　　　图 7-73　装配式结构构件成品 2

7.5.2　我国装配式混凝土结构的发展概况

早在中华人民共和国成立初期,国家就提出借鉴国外先进经验,推行标准化、工厂化、装配式施工的建造方式。直至 20 世纪 80 年代初,低碳冷拔钢丝预应力混凝土圆孔板,装配式大板住宅等多种装配式建筑体系才得到快速发展。在当时,由于国家对于房屋建筑总体建设量不大,预制构件厂的供应可满足需求,所以装配式的房屋建筑基本能满足当时的需求。

从 20 世纪 80 年代末开始,由于大板住宅建筑具有易渗漏、隔音差、保温差等使用性能方面的问题,旧的装配式建筑体系越来越不能满足时代的使用需求。与此同时,我国各类工程建设开始了连续几十年的快速增长,建筑设计对于个性化、多样化、复杂化要求越来越高,房屋建筑抗震性能要求提高,各类模板、脚手架、商品混凝土的应用推广和普及,使得现浇混凝土结构的施工技术迎来了巨大的发展。因此,装配式混凝土结构进入了低谷。

近年来,随着国家对节能环保的愈加重视,建筑施工过程中必须大幅度减少建筑垃圾,降低噪声污染,节约用水。同时,随着各种技术逐步成熟,国家经济实力逐步增强,建筑功能和质量要求提高,装配式结构重新得到了发展。国家也在 2016 年出台了"大力发展装配式建筑,推动产业结构调整升级"的政策,争取要用十年左右的时间,达到装配式建筑在新建建筑中的比例超过 30％、建筑面积超过 5 亿平方米的目标,装配式混凝土结构又将迎来新的发展高峰。

7.5.3　装配式混凝土结构的使用现状

目前,国内流行采用装配整体式混凝土结构的施工方法,也就是俗称的"湿式"连接或者"等同现浇"的设计、施工方法。而美国、德国等国家常使用的是"干式"连接的设计、施工方法。

装配整体式混凝土结构是指由预制混凝土构件通过各种可靠的方式进行连接,并与现场后浇混凝土、水泥基灌浆料形成的装配式混凝土结构。这种连接方式需要处理好节点的连接、钢筋的连接、锚固及碰撞,而且预制构件在进场安装后,还需要支模进行混凝土的浇筑。

而"干式"连接与钢结构的安装施工类似,它的施工关键点在于处理好构件的运输、吊装与连接,相对来说,其施工效率更高。

7.5.4　装配式混凝土结构的施工过程

装配式混凝土结构的施工过程主要如下:
(1) 预制构件的生产;
(2) 预制构件的运输;
(3) 预制构件进场验收;
(4) 预制构件的安装;
(5) 预制构件的连接;
(6) 装配式结构工程分项验收。

7.5.5　预制构件进场验收

预制构件的质量应符合《混凝土结构工程施工质量验收规范》(GB 50204—2015)中的有关规定及国家现行相关标准的规定和设计的要求。

对混凝土预制构件专业企业生产的预制构件,进场时应检查质量证明文件。质量证明文件包括产品合格证明书、混凝土强度检验报告及其他重要检验报告等。

钢筋、混凝土原材料、预应力材料、预埋件等的检验报告在进场时可不提供,但应在构件生产企业存档保留,以便需要时查阅。

对于进场时不做结构性能检验的预制构件,质量证明文件尚应包括预制构件生产过程的关键验收记录。

7.5.6　预制构件结构性能检验

专业企业生产的预制构件进场时,预制构件结构性能检验应符合以下规定。
(1) 梁板类简支受弯预制构件进场时应进行结构性能检验,并应符合以下规定。
① 结构性能检验应符合国家现行相关标准的有关规定及设计的要求,检验要求和试验方法应符合相关规定。

② 钢筋混凝土构件和允许出现裂缝的预应力混凝土构件,应进行承载力、挠度和裂缝宽度检验;不允许出现裂缝的预应力混凝土构件,应进行承载力、挠度和抗裂检验。

③ 对大型构件及有可靠应用经验的构件,可只进行裂缝宽度、抗裂和挠度检验。

④ 对使用数量较少的构件,当能提供可靠依据时,可不进行结构性能检验。

(2) 对其他预制构件,除设计有专门要求外,进场时可不做结构性能检验。

(3) 对进场时不做结构性能检验的预制构件,应采取下列措施。

① 施工单位或监理单位代表应驻厂监督生产过程。

② 当无驻厂监督时,预制构件进场时应对预制构件主要受力钢筋的数量、规格、间距及混凝土强度、混凝土保护层厚度等进行实体检验。

检验数量:同类型预制构件不超过 1000 个为一批,每批随机抽取 1 个构件进行结构性能检验。

"同类型"是指同一钢种、同一混凝土强度等级、同一生产工艺和同一结构形式。抽取预制构件时,宜从设计荷载最大、受力最不利或生产数量最多的预制构件中抽取。

检验方法:检查结构性能检验报告或实体检验报告。

7.5.7 预制构件的结合面处理

根据《混凝土结构工程施工质量验收规范》(GB 50204—2015),预制构件粗糙面的质量及键槽的数量应符合设计要求。

在装配整体式结构中,预制构件与后浇混凝土结合的界面称为结合面,结合面的处理方法具体可为设置键槽(图 7-74)和粗糙面(图 7-75)两种形式。

图 7-74 键槽做法

(a) 粗糙面—凿毛做法

(b) 粗糙面—拉花做法

(c) 粗糙面 刻花做法

(d) 粗糙面—露骨料做法

图 7-75 粗糙面做法

当有需要时,还可在粗糙面、键槽上配置抗剪或抗拉钢筋等,以确保结构连接构造的整体性设计要求。

7.5.8　连接节点的施工质量控制要点

根据《混凝土结构工程施工质量验收规范》(GB 50204—2015)第 9.1.1 条,装配式结构连接部位及叠合构件浇筑混凝土之前,应进行隐蔽工程验收。隐蔽工程验收应包括以下主要内容。

(1)结合面处:混凝土粗糙面的质量或者键槽的尺寸、数量、位置;同时,粗糙面的面积不宜小于结合面的 80%,预制板的粗糙面凹凸深度不应小于 4 mm,预制梁端、预制柱端、预制墙端的粗糙面凹凸深度不应小于 6 mm。

(2)钢筋的牌号、规格、数量、位置、间距,箍筋弯钩的弯折角度及平直段长度。

(3)钢筋的连接方式、接头位置、接头数量、接头面积百分率、搭接长度、锚固方式及锚固长度。

(4)预埋件、预留管线的规格、数量、位置。

7.5.9　预制构件吊运与堆放

根据《混凝土结构工程施工规范》(GB 50666—2011),预制构件的吊运应符合以下规定:

(1)应根据预制构件形状、尺寸、质量和作业半径等要求选择吊具和起重设备,所采用的吊具、起重设备及施工操作应符合国家现行有关标准及产品应用技术手册的有关规定;

(2)应采取措施保证起重设备的主钩位置、吊具及构件重心在竖直方向上重合;吊索与构件水平夹角不宜小于 60°,吊运过程应平稳,不应有大幅度摆动,且不应长时间悬停;

(3)应设专人指挥,操作人员应位于安全位置。

具体吊运及堆放方法请参照本书相应章节。

7.5.10　钢筋套筒灌浆连接

装配式结构中,钢筋的连接除了之前章节介绍过的绑扎、焊接及机械连接等方式之外,还有套筒灌浆连接技术。

钢筋套筒灌浆连接是指将带肋钢筋插入内腔带凹凸表面沟槽的钢筋套筒,在套筒与钢筋的间隙之间灌注并充满专用高强水泥基灌浆料,灌浆料凝固后将钢筋锚固在套筒内而实现的一种钢筋连接方法(图 7-76)。

灌浆套筒按照施工做法分为:半灌浆套筒(图 7-77)、全灌浆套筒(图 7-78);按照材质和制造工艺分为:钢制机械加工套筒、球墨铸铁铸造套筒、铸钢铸造套筒。

图 7-76　套筒灌浆现场施工

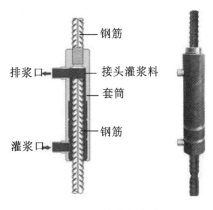

图 7-77　半灌浆套筒

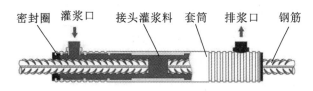

图 7-78　全灌浆套筒

1. 灌浆套筒接头性能要求

（1）钢筋采用套筒灌浆连接或浆锚搭接连接时，灌浆应饱满、密实。

（2）钢筋采用套筒灌浆连接或浆锚搭接连接时，其连接接头质量应符合国家现行相关标准的规定。

（3）在《钢筋套筒灌浆连接应用技术规程》（JGJ 355—2015）中，明确要求钢筋套筒灌浆连接接头的抗拉强度不应小于连接钢筋抗拉强度标准值，且破坏时应断于接头外钢筋。

考虑同截面 100% 连接，且在框架柱中多位于箍筋加密区部位；考虑到钢筋可靠连接的重要性，为防止混凝土构件发生不利破坏（防止可预见破坏模式），要求断于钢筋，即不允许发生断于接头或连接钢筋与灌浆套筒拉脱的现象，包括半灌浆接头的机械连接端。

接头产品开发时应考虑钢筋抗拉强度实测值为标准值 1.15 倍时，不发生断于接头或连接钢筋与灌浆套筒拉脱的现象。

2. 钢筋套筒灌浆连接质量控制要点

（1）套筒固定件：与套筒连接紧固，模板上定位精确，能可靠密封套筒内腔。

（2）进、出浆管：内（外）径应精确并与套筒接头（孔）相匹配，安装配合紧密、密封性能好；管壁坚固、不易破损或压瘪，弯曲时不易发生折叠或扭曲变形，影响管道内径，首选硬质 PVC 管，次选薄壁 PVC 增强塑料软管。

（3）进、出浆管接头：内径尺寸与配套灌浆料性能相适应，抗压强度高，耐侧向压力和冲击力，不易变形或脱落，安装到位无缝隙，意外脱落可方便、快速地安装修复。

（4）套筒端口密封圈：弹性密封件，安装在套筒端口槽内，应与套筒和钢筋配合紧密，钢筋插入、拔出时不得松脱，浇筑混凝土时密封不漏浆。

（5）构件端面模板：厚度为 5～10 mm，套筒固定件的安装孔间隙应为 0.5～1.0 mm；连接钢筋出筋孔（槽）的定位精度不低于 2 mm，以满足预制构件套筒、外露连接钢筋中心位置精度 0～2 mm 的要求。

3. 灌浆料质量控制

按照《钢筋套筒灌浆连接应用技术规程》（JGJ 355—2015）的要求，各型号套筒 1000 个送检一批次进行工艺试验，检测灌浆质量，保证构件可靠度；按照《钢筋套筒灌浆连接应用技术规程》(JGJ 355—2015)的要求,每天灌浆需制作 40 mm×40 mm×160 mm 试块 2 组,检测 3 d 及 28 d 强度,需达到设计值方算合格。

7.5.11 装配式结构施工质量验收

1. 装配式结构作为分项工程验收

装配式结构目前只作为混凝土工程的一个分项进行验收。

分项工程的验收包括预制构件进场、预制构件安装以及装配式结构特有的钢筋连接和构件连接等内容。

装配式结构现场施工中的钢筋绑扎、混凝土浇筑等内容,应分别纳入钢筋、混凝土、预应力等分项工程进行验收。

对于以预制构件装配为主的单层工业厂房,其混凝土子分部工程仅由一个装配式分项工程组成。

2. 预制构件进场的验收文件

质量证明文件包括产品合格证明书、混凝土强度检验报告及其他重要检验报告。

(1) 可以(需要)做结构性能检验的,应有检验报告。

(2) 没有做结构性能检验的,进场时的质量证明文件宜增加构件制作过程检查文件,如钢筋隐蔽工程验收记录、预应力筋张拉记录等;施工单位或监理单位代表驻厂监督时,此时构件进场的质量证明文件应经监督代表确认;无驻厂监督时,应有相应的实体检验报告。

(3) 埋入灌浆套筒的,尚应有:

① 灌浆套筒、灌浆料的型式检验报告;

② 套筒外观进场检验报告;

③ 第一批灌浆料进场检验报告;

④ 接头工艺检验报告;

⑤ 套筒进场力学性能检验报告。

3. 装配施工的外观质量缺陷与尺寸偏差

1) 主控项目

根据《混凝土结构工程施工质量验收规范》(GB 50204—2015)规定,装配式结构施工后,其外观质量不应有严重缺陷,且不应有影响结构性能、安装、使用功能的尺寸偏差。

2) 一般项目

(1) 根据《混凝土结构工程施工质量验收规范》(GB 50204—2015)规定,装配式结构施工后,其外观质量不应有一般缺陷。

(2) 装配式结构施工后,预制构件位置、尺寸偏差及检验方法应符合设计要求;当设计无具体要求时,应符合《混凝土结构工程施工质量验收规范》(GB 50204—2015)的规定。

第8章　屋面及防水工程

建筑工程防水按其部位可分为屋面防水、地下防水、卫生间防水等；按其构造做法又可分为结构构件的刚性自防水和用各种防水卷材、防水涂料作为防水层的柔性防水。

8.1　屋面防水工程

根据建筑物的性质、重要程度、使用功能要求，将屋面防水分为两个等级，并按不同等级进行设防（表 8-1）。

表 8-1　屋面防水等级和设防要求

防水等级	建筑类别	设防要求
Ⅰ级	特别重要或对防水有特殊要求的建筑；高层建筑	二道以上防水设防
Ⅱ级	一般建筑	一道防水设防

防水屋面的常用种类有卷材防水屋面、涂膜防水屋面和复合防水屋面等。

屋面工程所采用的防水、保温隔热材料应有产品合格证书和性能检测报告，材料的品种、规格、性能等应符合现行国家产品标准和设计要求。

屋面的保温层和防水层严禁在雨天、雪天和五级以上大风下施工，温度过低时也不宜施工。

8.1.1　卷材防水屋面施工

卷材防水屋面是指采用黏结胶粘贴卷材或采用带底面黏结胶的卷材进行热熔或冷粘贴于屋面基层进行防水的屋面。

1．卷材防水屋面构造

卷材防水屋面典型构造层次如图 8-1 所示。卷材防水屋面构造如图 8-2 所示。

2．基层要求

基层施工质量的好坏，将直接影响屋面工程的质量。

对卷材防水屋面找平层的要求：①平整、坚实、清洁；②排水坡度满足设计要求；③与突出结构连接处以及转角处均应做成圆弧状；④找平层应留分格缝，缝宽一般为 5～20 mm。

3．材料选择

（1）基层处理剂。

基层处理剂是为了增强防水材料与基层之间的黏结力，在防水层施工前，预先涂刷在基层上的稀质涂料。它与所用卷材的材料特性应相容。

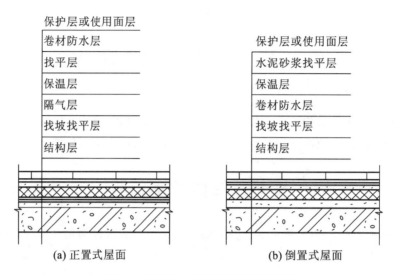

(a) 正置式屋面   (b) 倒置式屋面

图 8-1　卷材防水屋面构造层次示意图

（2）胶粘剂。

卷材防水层的黏结材料，必须选用与卷材相应的胶粘剂。

（3）卷材。

防水卷材主要有沥青防水卷材、高聚物改性沥青（SBS）防水卷材和合成高分子防水卷材。SBS 防水卷材及施工如图 8-3 所示。

图 8-2　卷材防水屋面构造

图 8-3　SBS 防水卷材及施工

4. 屋面卷材防水层施工

屋面卷材防水层施工的一般工艺如图 8-4 所示。

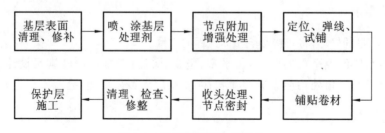

图 8-4　卷材防水层施工工艺

1）卷材防水层铺贴方向

卷材铺贴应在保证顺直的前提下，宜平行于屋脊铺贴。当卷材防水层采用叠层方法施工时,上下层卷材不得相互垂直铺贴。

2)卷材防水层施工顺序

(1)沥青卷材防水屋面施工时,应先处理好节点、附加层和屋面排水比较集中的部位,然后由屋面最低标高处向上施工。阳角处加设附加层如图8-5所示。

(2)沥青卷材防水屋面施工时,铺贴多跨和有高低跨的屋面时,应按先高后低,先远后近的顺序进行。

3)卷材防水层搭接方法及宽度要求

铺贴卷材采用搭接法时,平行于屋脊的搭接应顺流水方向,垂直于屋脊的搭接应顺主导风向。上下两层卷材长边搭接缝应错开,错开的距离不得小于幅宽的1/3。

4)屋面特殊部位的铺贴要求

(1)檐口。

将铺贴到檐口端头的卷材裁齐后压入凹槽内,然后将凹槽用密封材料嵌填密实。如用压条或用带垫片钉子固定时,钉子应敲入凹槽内,钉帽及卷材端头用密封材料封严。

(2)天沟、檐沟及水落口。

天沟、檐沟卷材铺设前,应先对水落口进行密封处理。水落口处的做法如图8-6所示。

图 8-5 阳角处加设附加层   **图 8-6 水落口处的做法**

(3)泛水与卷材收头。

泛水部位卷材铺贴前,应先进行试铺,将立面卷材长度留足,先铺贴平面卷材至转角处,然后从下往上铺贴立面卷材。

卷材铺贴完成后,将端头裁齐。若采用预留凹槽收头,将端头全部压入凹槽内,用压条钉压平整,再用密封材料封严,最后用水泥砂浆抹封凹槽。

卷材收头处理如图8-7所示。

(4)变形缝。

屋面变形缝处附加墙与屋面交接处的泛水部位,应做好附加增强层;接缝两侧的卷材防水层铺贴至缝边;然后在缝中填嵌直径略大于缝宽的衬垫材料。变形缝处加设附加层如图8-8所示。

5)排气屋面的施工

当屋面保温层、找平层因施工时含水率过大或遇雨水浸泡不能及时干燥,而又要立即铺设柔性防水层时,必须将屋面做成排气屋面,以避免因防水层下部水分汽化造成防水层起鼓破坏,防止因保温层含水率过高造成保温性能降低。

6)高聚物改性沥青卷材防水施工

高聚物改性沥青防水卷材的施工方法有冷粘法、热熔法和自粘法。

图 8-7 卷材收头处理　　　　　　　　图 8-8 变形缝处加设附加层

（1）冷粘法。

冷粘法施工是利用毛刷将胶粘剂涂刷在基层或卷材上，然后直接铺贴卷材，使卷材与基层、卷材与卷材黏结的方法。

（2）热熔法。

热熔法施工是指高聚物改性沥青热熔卷材的铺贴方法。热熔卷材是一种在工厂生产过程中底面即涂有一层软化点较高的改性沥青热熔胶的卷材。铺贴时不需涂刷胶粘剂，而用火焰烘烤热熔胶后直接与基层粘贴。卷材铺贴如图 8-9 所示。

厚度小于 3 mm 的高聚物改性沥青防水卷材，严禁采用热熔法施工。

（3）自粘法。

自粘法是指自粘型卷材的铺贴方法。自粘型卷材在工厂生产时，在改性沥青卷材、合成高分子卷材、PE 膜等底面涂上一层胶粘剂，并在表面敷有一层隔离纸。施工时只要剥去隔离纸，即可直接铺贴。

7）合成高分子卷材防水施工

合成高分子防水卷材的施工方法有冷粘法、自粘法和热风焊接法三种。

冷粘法、自粘法的施工要求与高聚物改性沥青防水卷材的施工要求基本相同，但冷粘法施工时，搭接部位应采用与卷材配套的接缝专用胶粘剂。

热风焊接法是利用热空气焊枪进行防水卷材搭接黏合的方法。接缝焊接是该工艺的关键，在正式焊接卷材前，必须进行试焊，并进行剥离试验，以此来检查当时气候条件下焊接工具和焊接参数及工人的操作水平，确保焊接质量。接缝焊接分为预先焊接和最后焊接。预先焊接是将搭接卷材掀起，焊嘴深入焊接搭接部分后半部（一半搭接宽度），用焊枪一边加热卷材，一边立即用手持压辊充分压在接合面上使之压实，待后半部焊好后，再焊前半部，此时焊接缝边应光滑并有熔浆溢出，并立即用手持压辊压实，排出搭接缝间气体。焊接搭接缝时，先焊长边后焊短边。焊接前应先对接缝焊接面进行清洗，并使之干燥。焊接时注意气温和湿度的变化，随时调整加热温度和焊接速度。在低温下（0 ℃以下）焊接时要注意卷材是否有结冰和潮湿现象，如出现上述现象必须使之干净、干燥，所以在气温低于 −5 ℃时，施工质量是很难保证的。焊接时还必须注意焊缝处

图 8-9 卷材铺贴

不得有漏焊、跳焊或焊接不牢(加温过低)的现象,也不得损害非焊接部位卷材。

5．隔离层施工

在柔性防水层上设置块体材料、水泥砂浆、细石混凝土等刚性保护层时,为了防止刚性保护层胀缩变形时对防水层造成的损坏,应在保护层与防水层之间铺设隔离层。

6．保护层施工

卷材铺设完毕,经检查合格后,应立即进行保护层的施工,及时保护防水层免受损伤。

(1)预制板块保护层。

预制板块保护层的结合层宜采用砂或水泥砂浆。

在砂结合层上铺砌块体时,砂结合层应洒水压实,并用刮尺刮平,以满足块体铺设的平整度要求。块体应对接铺砌,缝隙宽度一般为 10 mm 左右。块体铺砌完成后,应适当洒水并轻轻拍平压实,以免产生翘角现象。板缝先用砂填至一半的高度,然后用 1∶2 水泥砂浆勾成凹缝。为防止砂子流失,在保护层四周 500 mm 范围内,应改用低强度等级水泥砂浆做结合层。采用水泥砂浆做结合层时,应先在防水层上做隔离层。预制块体应先浸水湿润并阴干。如果板块尺寸较大,可采用铺灰法铺砌,即先在隔离层上将水泥砂浆摊开,然后摆放预制块体;如果板块尺寸较小,可将水泥砂浆刮在预制板块的黏结面上再进行摆铺。每块预制块体摆铺完后应立即挤压密实、平整,使块体与结合层之间不留空隙。铺砌工作应在水泥砂浆凝结前完成,块体间预留 10 mm 的缝隙,铺砌 1～2 d 后用 1∶2 水泥砂浆勾成凹缝。

上人屋面的预制块体保护层,块体材料应按照楼地面工程质量要求选用,结合层应选用 1∶2 水泥砂浆。

(2)水泥砂浆保护层。

水泥砂浆保护层与防水层之间也应设置隔离层。保护层用的水泥砂浆体积配合比一般为(1∶3)～(1∶1.25)。

(3)细石混凝土保护层。

细石混凝土保护层施工前,也应在防水层上铺设一层隔离层,并按设计要求支设好分格缝木板条或泡沫条,设计无要求时,每格面积不大于 36 m²,分格缝宽度为 10～20 mm。一个分格内的混凝土应尽可能连续浇筑,不留施工缝。振捣宜采用铁辊滚压或人工拍实,不宜采用机械振捣,以免破坏防水层。振实后随即用刮尺按排水坡度刮平,并在初凝前用木抹子提浆抹平,初凝后及时取出分格缝木模(泡沫条不用取出),终凝前用铁抹子压光。

细石混凝土保护层浇筑完后应及时进行养护,养护时间不应少于 7 d。养护完后,将分格缝清理干净(泡沫条割去上部 10 mm 即可),嵌填密封材料。

8.1.2　涂膜防水屋面施工

涂膜防水屋面是在屋面基层上涂刷防水涂料,经固化后形成一层有一定厚度和弹性的整体涂膜,从而达到防水目的的一种防水屋面形式。涂膜防水屋面的典型构造层次如图 8-10所示。

1．材料要求

涂膜防水层的涂料分为高聚物改性沥青防水涂料和合成高分子防水涂料两类。

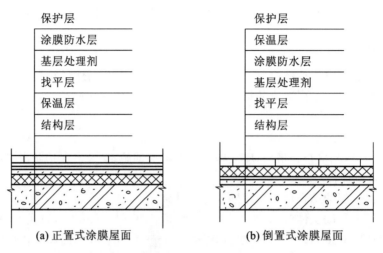

图 8-10　涂膜防水屋面构造层次示意图

2．基层要求

等基层干燥后方可进行涂膜施工。

3．涂膜防水层施工

涂膜防水层施工工艺如图 8-11 所示。

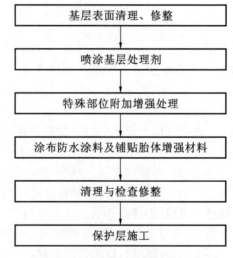

图 8-11　涂膜防水层施工工艺

涂膜防水层的施工也应按"先高后低,先远后近"的原则进行。遇高低跨屋面时,一般先涂布高跨屋面,后涂布低跨屋面;相同高度屋面,要合理安排施工段,先涂布距上料点远的部位,后涂布近处;同一屋面上,先涂布排水较集中的水落口、天沟、檐沟、檐口等节点部位,再进行大面积涂布。需铺设胎体增强材料时,如坡度小于 15% 可平行于屋脊铺设;坡度大于 15% 应垂直于屋脊铺设,并由屋面最低标高处开始向上铺设。胎体增强材料长边搭接宽度不得小于 50 mm,短边搭接宽度不得小于 70 mm。采用两层胎体增强材料时,上下层不得互相垂直铺设,搭接缝应错开,其间距不应小于幅宽的 1/3。

在涂膜防水层未干前,不得在其上进行其他施工作业。涂膜防水层上不得直接堆放物品。

8.1.3　复合防水屋面施工

由于涂膜防水层具有黏结强度高、可修补防水层基层裂缝缺陷、防水层无接缝、整体性好的特点。卷材与涂膜复合使用时,涂膜防水层宜设置在卷材防水层的下面;卷材防水层强度高、耐穿刺、厚薄均匀、使用寿命长,宜设置在涂膜防水层的上面。

复合防水层防水涂料与防水卷材之间应黏结牢固,尤其是天沟和立面防水部位。

8.1.4　其他防水屋面施工简介

1. 架空隔热屋面

架空隔热屋面是在屋面增设架空层,利用空气流通进行隔热。架空隔热屋面的构造如图 8-12 所示。架空隔热层施工如图 8-13 所示。

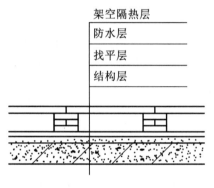

图 8-12　架空隔热屋面构造

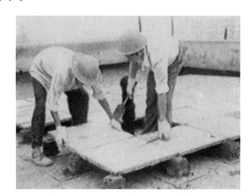

图 8-13　架空隔热层施工

2. 瓦屋面

瓦屋面防水是我国传统的屋面防水技术。

(1)平瓦屋面。

平瓦屋面施工工艺如图 8-14 所示。

图 8-14　平瓦屋面施工工艺

(2)油毡瓦屋面。

油毡瓦屋面施工工艺如图 8-15 所示。

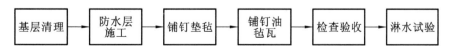

图 8-15　油毡瓦屋面施工工艺

3. 金属板材屋面

金属板材屋面是指采用金属板材作为屋盖材料,将结构层和防水层合二为一的屋盖形式。金属板材的种类很多,有锌板、镀铝锌板、铝合金板、铝镁合金板、钛合金板、铜板、不锈钢板等,厚度一般为 0.4~1.5 mm,板的表面一般进行涂装处理。

目前使用较多的金属板材是金属压型夹心板,其规格可参考图 8-16。金属板材应边缘整齐、表面光滑、外形规则,不得有扭翘、锈蚀等缺陷。

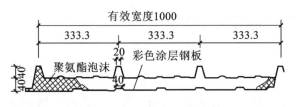

图 8-16　金属压型夹心板断面

4. 蓄水屋面

在屋面上蓄水,由于水的蓄热和蒸发,可大量消耗太阳辐射热,有效地减少通过屋盖的传热量,从而起到保温隔热作用。蓄水屋面对防水层和屋盖结构起到有效的保护,延缓了防水层的老化。但它要求屋面具有良好的防水性能和耐久性能,否则会引起渗漏,很难修补,所以蓄水屋面宜选用刚性细石混凝土防水层或在柔性防水层上再做复合刚性细石混凝土防水层。蓄水屋面构造如图 8-17 所示。

5. 种植屋面

种植屋面是在屋面防水层上覆土或覆盖锯木屑、膨胀蛭石、膨胀珍珠岩、轻砂等多孔松散材料,种植草皮、花卉、蔬菜、水果或设架种植攀缘植物等作物的屋面。种植屋面构造如图 8-18所示。

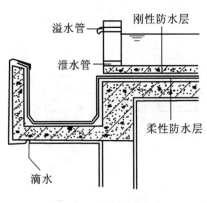

图 8-17　蓄水屋面构造

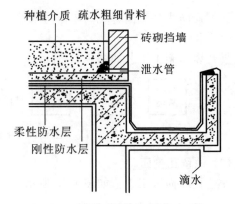

图 8-18　种植屋面构造

6. 倒置式屋面

倒置式屋面是将防水层设在保温层下面,即在结构找平层上面先做好防水层,然后再做保温层的屋面。这种屋面将防水层放置在保温层的下面,使防水层不直接接触大气,避免因阳光、紫外线、臭氧的影响而造成老化,减少了高温、低温对防水层的破坏,更减少了温差变化产生的防水层拉伸变形,这些都会大大延缓防水层的老化。同时,有保温层的覆盖,也避免了防水层因穿刺和外力产生的直接损害。

8.1.5　常见屋面渗漏防治方法

造成屋面渗漏的原因是多方面的,包括设计、施工、材料质量、维修管理等。要提高屋面防水工程的质量,应以材料为基础,以设计为前提,以施工为关键,并加强维护,对屋面工程进行综合治理。

8.2　地下防水工程

"防、排、截、堵相结合,刚柔相济,因地制宜,综合治理"的原则是我国建筑防水技术发展至今的实践经验总结。地下防水工程的设计和施工应遵循这一原则,并根据建筑功能及使用要求,按现行规范正确划定防水等级,合理确定防水方案。

地下工程防水等级及相应的适用范围见表 8-2。

表 8-2　地下工程防水等级及适用范围

防水等级	标　　准	适 用 范 围
一级	不允许渗水,结构表面无湿渍	人员长期停留的场所;因有少量湿渍会使物品变质、失效的贮物场所及严重影响设备正常运转和危及工程安全运营的部位;极重要的战备工程
二级	不允许漏水,结构表面可有少量湿渍; 工业与民用建筑:总湿渍面积不应大于总防水面积(包括顶板、墙面、地面)的 1/1000;任意 100 m² 防水面积上的湿渍不超过 1 处,单个湿渍的最大面积不大于 0.1 m²; 其他地下工程:总湿渍面积不应大于总防水面积的 6/1000;任意 100 m² 防水面积上的湿渍不超过 4 处,单个湿渍的最大面积不大于 0.2 m²	人员经常活动的场所;在有少量湿渍的情况下不会使物品变质、失效的贮物场所及基本不影响设备正常运转和工程安全运营的部位;重要的战备工程
三级	有少量漏水点,不得有线流和漏泥砂; 任意 100 m² 防水面积上的漏水点数不超过 7 处,单个漏水点的最大漏水量不大于 2.5 L/d,单个湿渍的最大面积不大于 0.3 m²	人员临时活动的场所;一般战备工程
四级	有漏水点,不得有线流和漏泥砂; 整个工程平均漏水量不大于 2 L/(m²·d);任意 100 m² 防水面积的平均漏水量不大于 4 L/(m²·d)	对渗漏水无严格要求的工程

根据地下防水工程的特点及环境要求,坚持多道设防、刚柔相济、扬长避短、综合防治的作法是十分必要的。片面地单一设防、出现渗漏后再耗资堵治,则会导致社会效益及经济效益的双重巨大损失。

8.2.1　防水方案及防水措施

1．防水方案

常用的防水方案有以下三类。

（1）结构自防水。

结构自防水是指依靠防水混凝土本身的抗渗性和密实性来进行防水。它具有施工简便、工期较短、改善劳动条件、节省工程造价等优点。

（2）设防水层。

设防水层是在结构物的外侧增加防水层,以达到防水的目的。

（3）渗排水防水。

渗排水防水是利用盲沟、渗排水层等措施来排除附近的水源以达到防水目的。

2．防水措施

地下工程的钢筋混凝土结构,应采用防水混凝土,并根据防水等级的要求采用防水措施。防水措施的选用应根据地下工程开挖方式确定,明挖法地下工程的防水设防要求见表8-3,暗挖法地下工程的防水设防要求见表8-4。

表 8-3　明挖法地下工程防水设防要求

工程部位 防水措施		主体						施工缝					后浇带				变形缝、诱导缝						
		防水混凝土	防水砂浆	防水卷材	防水涂料	塑料防水板	金属板	遇水膨胀止水条	中埋式止水带	外贴式止水带	外抹防水砂浆	外涂防水涂料	膨胀混凝土	遇水膨胀止水条	外贴式止水带	防水嵌缝材料	中埋式止水带	外贴式止水带	可卸式止水带	防水嵌缝材料	外贴防水卷材	外涂防水涂料	遇水膨胀止水条
防水等级	一级	应选	应选一至二种					应选	应选二种				应选	应选二种			应选	应选二种					
	二级	应选	应选一种					应选	应选一至二种				应选	应选一至二种			应选	应选一至二种					
	三级	应选	宜选一种					应选	宜选一至二种				应选	宜选一至二种			应选	宜选一至二种					
	四级	应选						应选	宜选一种				应选	宜选一种			应选	宜选一种					

表 8-4　暗挖法地下工程防水设防要求

工程部位		主体				内衬砌施工缝					内衬砌变形缝、诱导缝				
防水措施		复合式衬砌	离壁式衬砌、衬套	贴壁式衬砌	喷射混凝土	外贴式止水带	遇水膨胀止水条	防水嵌缝材料	中埋式止水带	外涂防水涂料	中埋式止水带	外贴式止水带	可卸式止水带	防水嵌缝材料	遇水膨胀止水条
防水等级	一级	应选一种				应选二种				应选	应选二种				
	二级	应选一种				应选一至二种				应选	应选一至二种				
	三级	应选一种				宜选一至二种				应选	宜选一种				
	四级	应选一种				宜选一种				应选	宜选一种				

8.2.2　结构主体防水的施工

1. 防水混凝土结构施工

防水混凝土结构是指以本身的密实性而具有一定防水能力的整体式混凝土或钢筋混凝土结构。

1）防水混凝土的种类

防水混凝土一般分为普通防水混凝土、外加剂防水混凝土和膨胀水泥防水混凝土三种。

2）防水混凝土施工

施工质量的好坏直接关系着混凝土结构自防水质量的优劣。

（1）地下室防水混凝土墙两侧模板需用对拉螺栓固定时，应在螺栓或套管中间加焊止水环，螺栓加堵头。采用对拉螺栓固定模板时的方法如下。

① 螺栓加堵头做法。

在结构两边螺栓周围做凹槽，拆模后将螺栓沿平凹底割去，再用膨胀水泥砂浆将凹槽封堵，如图 8-19 所示。

② 螺栓加焊止水环做法。

在对拉螺栓中部加焊止水环，止水环与螺栓必须满焊严密。拆模后应沿混凝土结构边缘将螺栓割断。此法将消耗所用螺栓，如图 8-20 所示。

③ 预埋套管加焊止水环做法。

套管采用钢管，其长度等于墙厚（或其长度加上两端垫木的厚度之和等于墙厚），兼具撑头作用，以保持模板之间的设计尺寸。止水环在套管上满焊严密。支模时在预埋套管中穿入对拉螺栓拉紧固定模板。拆模后将螺栓抽出，套管内以膨胀水泥砂浆封堵密实。套管两端有垫木的，拆

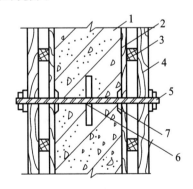

图 8-19　螺栓加堵头

1—防水结构；2—模板；3—小龙骨；

4—大龙骨；5—螺栓；6—止水环；

7—堵头(拆模后将螺栓沿平凹底割去，

再用膨胀水泥砂浆封堵)

模时连同垫木一并拆除,除密实封堵套管外,还应将两端垫木留下的凹坑用同样的方法封实。此法可用于抗渗要求一般的结构(图 8-21)。

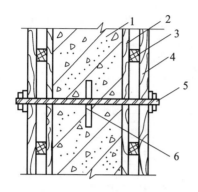

图 8-20　螺栓加焊止水环

1—防水结构;2—模板;3—小龙骨;

4—大龙骨;5—螺栓;6—止水环

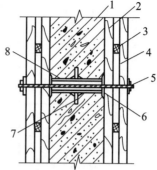

图 8-21　预埋套管加焊止水环

1—防水结构;2—模板;3—小龙骨;

4—大龙骨;5—螺栓;

6—垫木(与模板一并拆除后,连同套管一起用膨胀水泥砂浆封堵);7—止水环;8—预埋套管

(2) 防水混凝土的配合比应通过试验选定。

(3) 防水混凝土应连续浇筑,尽量不留或少留施工缝。必须留设施工缝时,对于防水混凝土,墙体水平施工缝不应留在剪力与弯矩最大处或底板与侧墙的交接处,应留在高出底板表面 300 mm 的墙体上。

施工缝分为水平施工缝和垂直施工缝两种。工程中多用水平施工缝,垂直施工缝尽量利用变形缝。水平施工缝皆为墙体施工缝,因有双排立筋和连接箍筋的影响,表面不可能平整光滑,凹凸较大,所以《地下工程防水技术规范》(GB 50108—2008)不推荐企口状和台阶状,只用平面的交接施工缝,构造如图 8-22 所示。

在施工缝上浇筑混凝土前,应清理前期混凝土表面,因两次浇捣相差时间较长,在表面存留很多杂物和尘土细砂,清理不干净就成为隔离层和渗水通道。清理时必须用水冲洗干净,再铺厚度为 30~50 mm 的 1:1 水泥砂浆或者刷涂界面剂,然后及时浇筑混凝土。

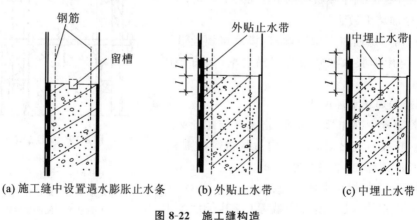

(a) 施工缝中设置遇水膨胀止水条　　(b) 外贴止水带　　(c) 中埋止水带

图 8-22　施工缝构造

(4) 防水混凝土终凝后,应开始覆盖浇水养护,其养护时间应在 14 d 以上。

(5) 防水混凝土浇筑后严禁打洞。

（6）钢筋混凝土防水墙体，迎水面钢筋保护层厚度不应小于 50 mm。

2. 水泥砂浆防水层施工

水泥砂浆防水层施工如图 8-23 所示。

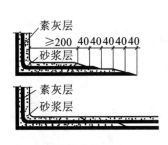

(a) 防水层接槎处理　　　(b) 水泥砂浆防水层的分层交叉涂抹

图 8-23　水泥砂浆防水层施工

（1）混凝土顶板与墙面防水层操作。

素灰层，厚度为 2 mm。做法如下：先抹一道厚度为 1 mm 的素灰，用铁抹子往返用力刮抹，使素灰填实基层表面的孔隙；随即在已刮抹过素灰的基层表面再抹一道厚度为 1 mm 的素灰找平层，抹完后，用湿毛刷在素灰层表面按顺序涂刷一遍。

第一层：水泥砂浆层，厚度为 6～8 mm。在素灰层初凝时抹水泥砂浆层，要防止素灰层过软或过硬，过软会将素灰层破坏，过硬则衔接不良，要使水泥砂浆薄薄压入素灰层厚度的 1/4 左右（图 8-24）。抹完后，在水泥砂浆初凝时用扫帚按顺序向一个方向扫出横向条纹。

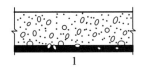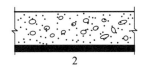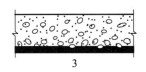

图 8-24　砂浆层与素灰层衔接示意

1—素灰层太软，砂粒穿透素灰层；2—素灰层太硬，水泥砂浆层与素灰层衔接不良；
3—素灰层软硬适宜，素灰层与水泥砂浆层之间有 0.5 mm 的衔接层

第二层：水泥砂浆层，厚度为 6～8 mm。按照第一层的操作方法将水泥砂浆抹在第一层上，抹后在水泥砂浆凝固前水分蒸发过程中，分次用铁抹子压实，一般以抹压 2～3 次为宜，最后再压光。

（2）砖墙面和拱顶防水层的施工。

第一层是刷水泥浆一道，厚度约为 1 mm，用毛刷往返涂刷均匀，涂刷后，再抹第二、三、四层等，其施工方法与混凝土基层防水相同。

（3）地面防水层的施工。

地面防水层施工与墙面、顶板施工不同的地方是素灰层（第一、三层）不采用刮抹的方法，而是把拌合好的素灰倒在地面上，用棕刷往返用力涂刷均匀，第二层和第四层是在素灰层初凝前后，把拌合好的水泥砂浆层按厚度要求均匀铺在素灰层上，按墙面、顶板施工要求抹压，各层厚度也均与墙面、顶板防水层相同。地面防水层在施工时要防止践踏，应按照由

里向外的顺序进行（图 8-25）。

3．地下防水工程卷材防水层施工

地下防水工程卷材防水层是用沥青胶结材料粘贴卷材而成的一种防水层，属于柔性防水层。卷材热熔法施工如图 8-26 所示。

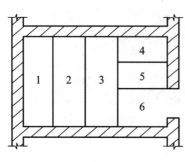

图 8-25　地面施工顺序

图 8-26　卷材热熔法施工

1）铺贴方案

地下防水工程一般把卷材防水层设置在建筑结构的外侧，这种做法称为外防水。它与卷材防水层设在结构内侧的内防水相比较，具有以下优点：外防水的防水层在迎水面，受压力水的作用紧压在结构上，防水效果良好，而内防水的卷材防水层在背水面，受压力水的作用容易局部脱开；外防水造成的渗漏机会比内防水少。因此，防水工程一般多采用外防水。

外防水有两种设置方法，即"外贴法"和"内贴法"。

（1）外贴法。

外贴法是将立面卷材防水层直接铺设在需防水结构的外墙外表面，如图 8-27 所示。

（2）内贴法。

内贴法是浇筑混凝土垫层后，在垫层上将永久保护墙全部砌好，将卷材防水层铺贴在垫层和永久保护墙上，如图 8-28 所示。

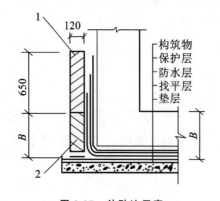

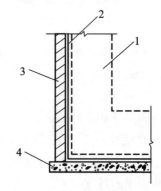

图 8-27　外贴法示意

1—临时保护墙；2—永久保护墙

图 8-28　内贴法示意

1—待施工的构筑物；2—防水层；3—保护墙；4—垫层

2）施工要点

外贴法铺贴卷材应先铺平面，后铺立面。

8.2.3　结构细部构造防水的施工

1. 变形缝

在变形缝处应增加卷材附加层,附加层可视实际情况采用合成高分子防水卷材、高聚物改性沥青防水卷材等。

常见的变形缝止水带材料有橡胶止水带、塑料止水带、氯丁橡胶止水带和金属止水带。金属止水带如图 8-29 所示,橡胶止水带如图 8-30 所示。

　　　图 8-29　金属止水带　　　　　　　　　图 8-30　橡胶止水带

在结构的中央埋设止水带,止水带的中心圆环应正对变形缝正中位置。变形缝内可用浸过沥青的木丝板填塞,缝口用优质密封膏嵌封,如图 8-31 所示。

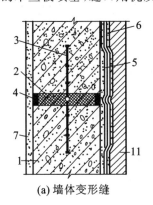 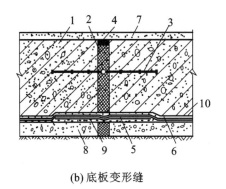

　　　(a) 墙体变形缝　　　　　　　　　　　(b) 底板变形缝

图 8-31　变形缝处防水做法

1—需防水结构;2—浸过沥青的木丝板;3—止水带;4—填缝油膏;5—卷材附加层;6—卷材防水层;

7—水泥砂浆面层;8—混凝土垫层;9—水泥砂浆找平层;10—水泥砂浆保护层;11—保护墙

2. 后浇带的处理

后浇带是对不允许留设变形缝的防水混凝土结构工程采用的一种刚性接缝。

防水混凝土基础后浇带留设的位置及宽度应符合设计要求。其断面形式可留成平直缝或阶梯缝,但结构钢筋不能断开。

后浇带的混凝土施工,应在其两侧混凝土浇筑完毕并养护六个星期,待混凝土收缩变形基本稳定后再进行。

底板后浇带处先做防水卷材附加层,再进行大面卷材防水施工。在绑扎底板钢筋时,用附加钢筋将橡胶止水带和钢板止水带分别固定在底板后浇带的底部和中间。底板后浇带防水如图 8-32 所示。

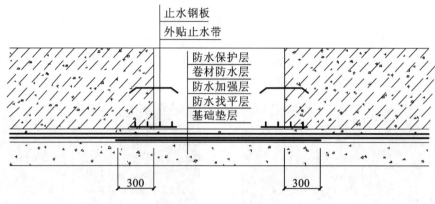

图 8-32 底板后浇带防水

8.2.4 地下防水工程渗漏及防治方法

地下防水工程出现的渗漏水,直接影响着工程结构的安全、生产设备的使用寿命,给人们正常的生产、生活带来极大危害。因此,必须及时采取有效措施进行治理。渗漏水治理应遵循"防、排、截、堵相结合,刚柔相济,因地制宜,综合治理"的原则。地下工程渗漏水常见的有孔渗漏、缝渗漏以及面渗漏。

目前较常用的堵漏法如下。

(1)抹面堵漏法,其特点是先堵漏、后抹面。堵漏的原则是以大化小,将面漏变成线漏、线漏变成点漏,最后一堵成功。堵漏后,应进行抹面防水施工,这一工序与堵漏同等重要,可以防止因地下水位的变化以及堵漏施工不周导致的在原漏点以外的薄弱部位又产生的渗漏。这种做法适用于大面积渗漏的修堵治理。

(2)注浆堵漏法,是根据工程渗漏水的情况(水的流量、流速)以及渗漏部位布置注浆孔,并选择适宜的注浆设备和注浆材料,将浆液压入裂缝及孔隙的深处至注满并固化,从而达到治理渗漏的目的。

1. 抹面堵漏法

1)大面积渗漏水

大面积渗漏水在渗漏工程中比较普遍,其特征为渗水点有大有小且分布密集,渗水面积大。

出现大面积严重渗漏时,首先应尽可能采取措施降低地下水位,以便在无水情况下进行修堵施工。需要无条件降低地下水位时,应先行引水泄压,再涂抹快凝止水材料,使面漏变成线漏、线漏变为点漏(可集中为若干点),最后将漏水点封堵,再进行大面积抹面。

出现大面积慢渗时,漏水现象不明显,但常有湿渍存在。这种情况可采用速凝材料直接封堵,再进行防水砂浆抹面,或涂抹水泥基结晶型防水涂料等。

2)孔洞漏水

在渗漏水较严重的情况下,按"以大化小"的原则,通常将面、线漏水引导为若干"点"或"孔"漏。因此,孔洞堵漏是最常用的做法,必须迅速止水,取得立竿见影的效果,才能成功。孔洞堵漏方法如下。

(1)直接堵塞法。

一般在水压不大(水压 2 N 以下)、孔洞较小的情况下,可根据渗漏水量大小,以漏点为圆心剔成凹槽(直径×深度为 1 cm×2 cm、2 cm×3 cm、3 cm×5 cm),凹槽壁尽量与基层面垂直,并用水将凹槽冲洗干净。用配合比为 1:0.6 的水泥胶浆捻成与凹槽直径相接近的圆锥体,待胶浆开始凝固时,迅速将胶浆用力堵塞于凹槽内,并向槽壁四周挤压严实,使胶浆立即与槽壁紧密黏合,堵塞持续半分钟即可,随即按漏水检查方法进行检查,确定无渗漏后,抹上防水层。

(2)下管堵漏法。

水压在 2~4 N、孔洞较大时,可按下管堵漏法处理(图 8-33)。

下管堵漏法是将漏水处剔成孔洞,深度视漏水情况决定,在孔洞底部铺碎石,碎石上面盖一层与孔洞面积大小相同的油毡(或铁片),用一胶管穿透油毡到碎石中。如系地面孔洞漏水,则在漏水处四周砌筑挡水墙,将水引出墙外,然后用促凝剂水泥胶浆(水灰比为(0.8:1)~(0.9:1))把孔洞一次灌满,待胶浆开始凝固时,立即用力将孔洞四周压实,并使胶浆表面略低于基层面 1~2 cm。擦干表面,经检查孔洞四周无渗水时,抹上防水层的第一、二层,待防水层有一定强度后,将管拔出,按直接堵塞法,将管孔堵塞,最后抹防水层的第三、四层等。

(3)木楔子堵塞法。

本法适用于水压很大(水位在 5 m 以上)、漏水孔洞不大的情况下。用胶浆把一铁管(管径视漏水量而定)稳固于漏水处剔成的孔洞内,铁管顶端应比基层面低 2 cm,管四周空隙用砂浆、素灰抹好,待有一定强度后,把一浸过沥青的木楔打入管内,管顶处再抹素灰、砂浆等,经 24 h 后,检查无漏水现象,随同其他部位一起做好防水层(图 8-34)。

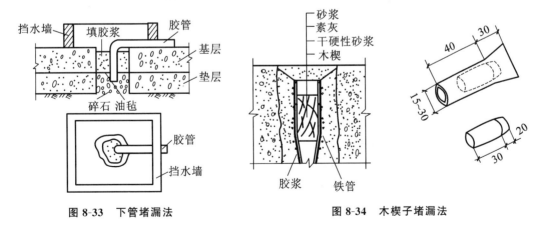

图 8-33　下管堵漏法　　　　图 8-34　木楔子堵漏法

3)裂缝漏水

(1)直接堵塞法。

水压较小的裂缝慢渗、快渗或急流漏水,可采用裂缝漏水直接堵塞法处理。先沿缝方向以裂缝为中心剔成八字形边坡沟槽,并清洗干净,把拌合好的水泥胶浆捻成条形,待胶浆快要凝固时,迅速填入沟槽中,向槽内或槽两侧用力挤压密实,使胶浆与槽壁紧密结合,若裂缝过长可分段堵塞。堵塞完毕经检查无渗水现象,用素灰和砂浆把沟槽抹平并扫成毛面,凝固后(约 24 h)随其他部位一起做好防水层(图 8-35)。

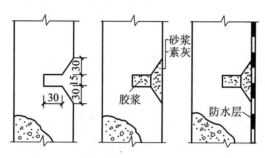

图 8-35 裂缝漏水直接堵塞法

（2）下线堵漏法。

本法适用于水压较大的慢渗或快渗的裂缝漏水处理。先按裂缝漏水直接堵塞法一样剔好沟槽,在沟槽底部沿裂缝放置一根小绳(直径视漏水量确定),长度为 20～30 cm,将胶浆和绳填塞于沟槽中,并迅速向两侧压密实。填塞后,立即把小绳抽出,使水顺绳孔流出。缝隙较长时可分段堵塞,每段间留 2 cm 空隙。根据漏水量大小,在空隙处采用下钉法或下管法使其缩小。下钉法是把胶浆包在钉杆上,插于 2 cm 的空隙中,待胶浆快要凝固时,用力将胶浆向空隙四周压实,同时转动钉杆立即拔出,使水顺钉眼流出。经检查除钉眼处其他部位无渗水现象,沿沟槽抹素灰、砂浆各一层。待凝固后,再按孔洞漏水直接堵塞法将钉眼堵塞(图 8-36)。

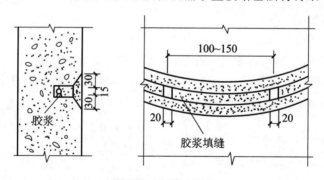

图 8-36 下线堵漏法

（3）下半圆铁片堵漏法。

水压较大的急流漏水裂缝,可采用下半圆铁片堵漏法处理。处理前,把漏水处剔成八字形边坡沟槽,尺寸可视漏水量大小而定。沟槽底部扣上半圆铁片,每隔 50～100 cm 放一个带有圆孔的半圆铁片,把胶管插入铁片孔内。处理时,按裂缝漏水直接堵塞法分段堵塞,漏水顺管流出。经检查无渗水后,在缝隙处抹一、二层防水层,凝固后拔出胶管,按孔洞漏水直接堵塞法将管眼堵好,最后随其他部位一起做好防水层(图 8-37)。

2. 注浆堵漏法

注浆堵漏是处理地下结构渗漏水的有效方法之一。

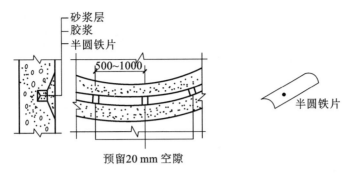

图 8-37　下半圆铁片堵漏法

1) 注浆孔的设置

(1) 布置注浆孔。

注浆孔的位置、数量及埋深,与被注浆结构的漏水缝隙的分布、特点及其强度、注浆压力、浆液扩散范围等均有密切关系。合理布孔是获得良好堵水效果的重要因素,其主要原则如下。

① 注浆孔位置的选择应使注浆孔的底部与漏水缝隙相交,选在漏水量最大的部位,以达到导水性好(出水量大,几乎引出全部漏水)的效果。一般情况下,水平裂缝宜沿缝下向上造斜孔,垂直裂缝宜正对缝隙造直孔。

② 注浆孔的深度不应穿透结构物,留 10～20 cm 长度为安全距离。双层结构以穿透内壁为宜。

③ 注浆孔的孔距应视漏水压力、缝隙大小、漏水量多少及浆液的扩散半径而定,一般为50～100 cm。

(2) 埋设注浆嘴。

一般情况下,埋设的注浆嘴应不少于两个,即设一嘴为排水(气)嘴,另一嘴为注浆嘴。如单孔漏水亦可埋一个注浆嘴。

压环式注浆嘴插入钻孔后,用扳手转动螺母,即压紧活动套管和压环,使弹性橡胶圈向孔壁四周膨胀并压紧,使注浆嘴与孔壁连接牢固。

楔入式注浆嘴缠麻后(缠麻处的直径应略大于孔直径),用锤将其打入孔内。

埋入式注浆嘴的埋设处,应事先用钻子剔成孔洞,孔洞直径要比注浆嘴的直径略大 3～4 cm。将孔洞内清洗干净,用快凝胶浆把注浆嘴稳固于孔洞内,其埋深应不小于 5 cm (图 8-38)。

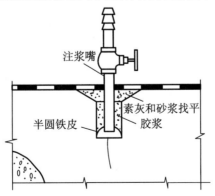

图 8-38　埋入式注浆嘴的埋设

2）封闭漏水部位

注浆嘴埋设后，除注浆嘴内漏水外，其他凡有漏水现象或有可能漏水的部位（在一定范围内）都要采取封闭措施，以免出现漏浆、跑浆现象。

3）试注

试注应在漏水处封闭和埋设注浆嘴后并具有一定的强度时进行。试注时采用颜色水代替浆液，以计算注浆量、注浆时间，为确定浆液配合比、注浆压力等提供参考。同时观察封堵情况和各孔连通情况，以保证注浆正常进行。

4）安装与检查

安装并检查注浆机具，以确保在注浆施工中的安全使用。

5）注浆

选其中一孔注浆（一般选择在较低处及漏水量较大的注浆嘴），待多孔见浆后，立即关闭各孔，仍持续压浆，注浆压力应大于渗漏水压力，使浆液沿着漏水通道逆向推进。注浆到不再进浆时，停止压浆，立即关闭注浆嘴（为防止浆液回流，堵塞注浆管道，应先关闭注浆嘴的阀门，再停止压浆）。注浆结束后，应将注浆孔及检查孔封填密实。

注浆后，应立即清洗灌浆机具，便于下次再用。丙凝和水泥浆液的灌浆机具用水冲洗，聚氨酯灌浆机具用丙酮或二甲苯清洗。

6）效果观察

待浆液凝固后，剔除注浆嘴，观察注浆堵漏效果，必要时可重复注浆。

8.3 卫生间防水工程

卫生间防水及构造如图 8-39 所示。

图 8-39 卫生间防水及构造

8.3.1 卫生间楼地面聚氨酯防水施工

涂膜防水层施工时，应使后一度与前一度的涂布方向相垂直。

8.3.2 卫生间楼地面氯丁胶乳沥青防水涂料施工

做完防水层的卫生间,经 24 h 以上的蓄水检验,无渗漏水现象为合格。

8.3.3 卫生间涂膜防水施工注意事项

(1)施工用材料有毒性,存放材料的仓库和施工现场必须通风良好,无通风条件的地方必须安装机械通风设备。

(2)在施工过程中,严禁上人踩踏未完全干燥的涂膜防水层。

(3)凡需做附加补强层的部位应先施工,然后再进行大面防水层施工。

8.3.4 卫生间渗漏与堵漏技术

穿楼板管道的防水做法:管根孔洞在立管定位后,楼板四周缝隙用 1:3 水泥砂浆堵严;缝大于 20 mm 时,采用细石混凝土堵严;管根与混凝土之间应留凹槽,槽深 10 mm、宽 20 mm,槽内嵌填密封膏,如图 8-40 所示。

地漏细部的防水做法:地漏管根与混凝土之间应留凹槽,槽深 10 mm、宽 20 mm,槽内嵌填密封膏,从地漏边缘向外 50 mm 内排水坡度为 5%,如图 8-41 所示。

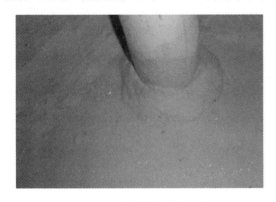

图 8-40 穿楼板管道的防水做法   图 8-41 地漏细部的防水做法

第9章 建筑装饰装修工程

9.1 建筑装饰装修工程概述

建筑装饰装修工程是指为保护建筑物的主体结构、完善建筑物的使用功能和美化建筑物，采用装饰装修材料或饰物，对建筑物的内外表面及空间进行的各种处理过程。其主要作用如下：保护结构体免受大自然的侵蚀，提高围护结构的耐久性、延长使用寿命；增加建筑物的美观，增强艺术效果；优化环境，创造使用条件，美化城市和居住环境；有隔热、隔声、防腐、防潮的功能。

建筑装饰装修工程主要包括抹灰、吊顶、饰面、玻璃、涂料、裱糊、刷浆和门窗等工程。

建筑装饰装修工程的主要特点：项目繁多，工程量大，工期长，用工量大，造价高，装饰材料和施工技术更新快，施工管理复杂。

本章按照施工中习惯的"墙、地、顶、门窗"等顺序介绍了建筑装饰装修各项工程的施工准备、施工工艺、质量验收标准及成品保护等内容。使学生理解和掌握一般抹灰、装饰抹灰、饰面工程、地面工程、顶棚工程、门窗工程的施工工艺、施工要点、施工质量要求及检测方法等。

建筑装饰装修工程施工的基本规定如下。

（1）承担建筑装饰装修工程施工的单位应具备相应的资质，并应建立质量管理体系。施工单位应编制施工组织设计并应经过审查批准。施工单位应按有关的施工工艺标准或经审定的施工技术方案施工，并应对施工全过程实行质量控制。

（2）承担建筑装饰装修工程施工的人员应有相应岗位的资格证书。

（3）建筑装饰装修工程的施工质量应符合设计要求和《建筑装饰装修工程质量验收规范》（GB 50210—2001），由于违反设计文件和《建筑装饰装修工程质量验收规范》（GB 50210—2001）的规定造成的质量问题应由施工单位负责。

（4）建筑装饰装修工程施工中，严禁违反设计文件擅自改动建筑主体、承重结构或主要使用功能；严禁未经设计确认和有关部门批准擅自拆改水、暖、电、燃气、通讯等配套设施。

（5）施工单位应遵守有关环境保护的法律法规，并应采取有效措施控制施工现场的各种粉尘、废气、废弃物噪声、振动等对周围环境造成的污染和危害。

（6）施工单位应遵守有关施工安全、劳动保护、防火和防毒的法律法规，应建立相应的管理制度，并应配备必要的设备、器具和标识。

（7）建筑装饰装修工程应在基体或基层的质量验收合格后施工。对既有建筑进行装饰装修前，应对基层进行处理并达到《建筑装饰装修工程质量验收规范》（GB 50210—2001）的要求。

（8）建筑装饰装修工程施工前应有主要材料的样板或做样板间，并应经有关各方确认。

（9）墙面采用保温材料的建筑装饰装修工程，所用保温材料的类型、品种、规格及施工工艺应符合设计要求。

（10）管道、设备等的安装及调试应在建筑装饰装修工程施工前完成，当必须同步进行时，应在饰面层施工前完成。装饰装修工程不得影响管道、设备等的使用和维修。涉及燃气管道的建筑装饰装修工程必须符合有关安全管理的规定。

（11）建筑装饰装修工程的电器安装应符合设计要求和国家现行标准的规定，严禁不经穿管直接埋设电线。

（12）室内外装饰装修工程施工的环境条件应满足施工工艺的要求。施工环境温度不应低于 5 ℃。当必须在低于 5 ℃气温下施工时，应采取保证工程质量的有效措施。

（13）建筑装饰装修工程施工过程中应做好半成品、成品的保护，防止污染和损坏。

（14）建筑装饰装修工程验收前应将施工现场清理干净。

9.2　墙面工程施工

9.2.1　抹灰工程

抹灰工程的分类：按材料或装饰效果分为一般抹灰和装饰抹灰；按工程部位分为顶棚抹灰、墙面抹灰和地面抹灰。

1. 一般抹灰工程施工

1）抹灰工程的组成及厚度控制

为了使抹灰层与基层黏结牢固，防止起鼓开裂，并使抹灰层的表面平整，避免裂缝，抹灰工程一般应分层进行，以确保施工质量。

（1）抹灰层一般由底层、中层和面层（或罩面）组成，如图 9-1 所示。

① 底层主要起与基层（基体）黏结作用，兼初步找平作用。

② 中层起找平作用。

③ 面层起装饰作用，要求涂抹光滑、洁净。

每层厚度和总厚度有一定的控制，控制厚度的目的，主要是为了防止抹灰层脱落。抹灰层的总厚度应符合设计要求；水泥砂浆不得抹在石灰砂浆层上；罩面石膏灰不得抹在水泥砂浆层上。

当抹灰总厚度大于等于 35 mm 时，应采取加强措施。如内部加玻纤网格布等。

（2）抹灰层的平均总厚度，应小于下列数据。

① 顶棚：板条、现浇混凝土和空心砖抹灰为 15 mm；预制混凝土抹灰为 18 mm；金属网抹灰为 20 mm。

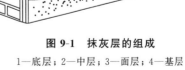

图 9-1　抹灰层的组成
1—底层；2—中层；3—面层；4—基层

② 内墙：普通抹灰两遍做法（一层底层，一层面层）为 18 mm；普通抹灰三遍做法（一层底层，一层中层和一层面层）为 20 mm；高级抹灰（一层底层，多层中层和一层面层）为 25 mm。

③ 外墙抹灰为 20 mm；勒脚及凸出墙面部分抹灰为 25 mm。

④ 石墙抹灰为 35 mm。

（3）抹灰层每遍涂抹的厚度，一般控制如下：

① 抹水泥砂浆每遍厚度为 5～7 mm；

② 抹石灰砂浆或混合砂浆每遍厚度为 7～9 mm；

③ 抹灰面层用麻刀灰、纸筋灰、石膏灰等罩面时，经赶平、压实后，其厚度对于麻刀灰不大于 3 mm；对于纸筋灰、石膏灰不大于 2 mm；

④ 混凝土内墙面和楼板平整光滑的底面可采用腻子分遍刮平，总厚度为 2～3 mm；

⑤ 板条、金属网用麻刀灰、纸筋灰抹灰的每遍厚度为 3～6 mm。

2）一般抹灰的分类

一般抹灰按其质量要求和主要操作工序的不同，分为普通抹灰和高级抹灰两类。

（1）普通抹灰由一底一面组成或一底层、一中层、一面层组成，也可不分层。要求表面光滑、洁净、接槎平整、分格缝应清晰。

（2）高级抹灰由一底层、数中层、一面层多遍完成。要求表面光滑、洁净、颜色均匀无抹纹、线角、分格缝和灰线平直方正，清晰美观。

3）常用材料准备

（1）水泥：三个月内的普通硅酸盐水泥或白水泥，强度大于等于 32.5 MPa；凝结时间和安定性复验应合格。

（2）砂：一般用中砂，亦可用细、粗砂，但不宜用特细砂；颗粒坚硬、洁净，杂质含量不超过 3%，施工时应过筛；对有抗渗性要求的砂浆，以颗粒坚硬洁净的细砂为好。

（3）石灰膏和磨细生石灰粉：抹灰用的石灰膏的熟化期不应少于 15 d；罩面用的磨细石灰粉的熟化期不应少于 3 d。在熟化期间，石灰浆表面应保留一层水，以使其与空气隔开而避免碳化。不得含有未熟化颗粒和杂质，已碳化或冻结风化的石灰膏不得使用。生石灰保质期不宜超过一个月。

（4）麻刀和纸筋：在抹灰层起拉结作用，能提高抹灰层的抗拉强度，增加抹灰层的弹性和耐久性，使抹灰层不易开裂脱落。要求坚韧、干燥、不含杂质。

（5）石膏：一般用于高级抹灰或抹面龟裂的补平。建筑装饰用石膏施工时应磨成细粉使用，无杂质。使用时应注意凝结时间。

（6）颜料：根据需要准备质量合格的颜料。

（7）石灰砂浆由石灰和中砂按比例配制，仅用于低档或临时建筑中干燥环境下的墙面打底和找平层。

（8）混合砂浆由水泥、石灰和中砂按比例配制，常用于干燥环境下墙面一般抹灰的打底和找平层。

（9）水泥砂浆由水泥和中砂按比例配制，当要求抹灰层具有防水、防潮功能时，应采用防水砂浆。

（10）腻子用于顶棚及墙面抹灰的罩面。

4）作业条件

（1）结构工程以及其他配合工种项目已通过检查和验收。

（2）做好基层处理。

（3）准备好所需材料和机具。

(4) 明确施工顺序,制定抹灰方案,做好技术交底和安全交底。

(5) 搭好抹灰用脚手架,确保安全操作。

5) 基层处理

(1) 清理基层表面。抹灰前将基层表面的尘土、污垢、油渍等清除干净,然后洒水润湿;对混凝土结构表面、砖墙表面应在抹灰前 1～2 d 浇水湿润,一般用软管或胶皮管或喷壶顺墙自上而下浇水湿润。

(2) 剔平明显凸出的部位,补平明显凹陷的部位。检查基层表面是否平整,凸出部分剔除,如将混凝土构件胀模处等表面凸出部分剔平。对凹陷部分或有蜂窝、麻面、露筋、疏松部分的混凝土表面剔到实处,并刷素水泥浆一遍。然后用 1:2 或 1:3 水泥砂浆分层补平压实。

(3) 混凝土基体光滑处表面凿毛,在表面涂刷掺有适量胶粘剂的水泥砂浆,或用混凝土界面处理剂处理。墙面越粗糙,其黏结力和摩擦力就越大。

(4) 嵌填脚手孔洞、管线沟槽及门窗框缝隙。检查门窗框及需要埋设的配电管、接线盒、管道套管等是否安装准确、固定牢固,脚手孔洞或连接缝隙应用 1:3 水泥砂浆或水泥混合砂浆(加少量麻刀)分层嵌塞密实,并事先将门窗框包好。外墙抹灰工程施工前应先安装钢木门窗框、护栏等,并应将墙上的施工孔洞堵塞密实。

(5) 不同材料基体交接处表面的抹灰,应采取防止开裂的加强措施,当采用加强网时,加强网与各基体的搭接宽度不应小于 100 mm,如图 9-2 所示。

6) 一般抹灰施工工艺

(1) 内墙面抹灰施工。

① 工艺流程:交接检验→基层处理→套方、找规矩→做灰饼→做标筋→做护角→抹底层、中层灰→罩面层抹灰。

② 施工主要内容。

a. 交接检验和基层处理。交接检验即对上一道工序进行检查、验收和交接,检验主体结构表面垂直度、平整度和尺寸等,若不符合设计要求,应进行修补。为了保证抹灰砂浆的黏结强度,抹灰前基层表面的尘土、污垢、油渍等应清除干净,根据情况对基层进行清理、凿补等,并应洒水润湿。

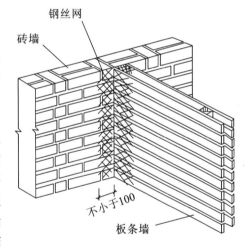

钢丝网

砖墙

不小于100

板条墙

图 9-2　钉网示意

b. 套方、找规矩。套方是指对房屋四角进行测定,看其是否方正,对墙面进行平整度和垂直度的检测,依据套方的检查结果以及抹灰总厚度的规定,作出灰饼、标筋的厚度标准。

c. 做灰饼,即做抹灰标志块。先用托线板全面检查墙体表面的垂直度和平整度,根据检查的实际情况并兼顾抹灰层的平均厚度规定,决定墙面抹灰厚度。先在墙的两端上角距墙两边 100～200 mm 处,用底层抹灰砂浆各做一个标准灰饼(标志块),厚度为总抹灰厚度减去面层灰厚度,尺寸大小为 50 mm×50 mm。然后用托线板吊线做墙下角的灰饼,其位置在踢脚板上口,使上下两个标志块在一条垂直线上。再挂线每隔 1.2～1.5 m 加做中间的若干个标准灰饼,如图 9-3 所示。

d. 做标筋,也称"冲筋",就是在上下(或左右)两个灰饼之间抹出一宽度约 100 mm、厚度与灰饼相平的长条梯形灰埂,作为墙面抹灰填平的标准。标筋用砂浆应与抹灰底层砂浆相同。一般情况下，待标筋砂浆有七至八成干后，即可在两标筋间抹满墙面砂浆，先用长刮尺两头靠着标筋进行刮灰，再用木抹来回抹平，去高补低。如果标筋太软，容易将其刮坏产生凹凸不平现象；标筋太干有强度后再抹墙面砂浆，待墙面砂浆收缩后，会使标筋高于墙面，产生抹灰面不平的现象。如图 9-4 所示为做标筋示意图。

图 9-3　做灰饼示意

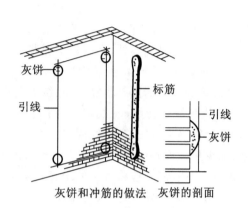

图 9-4　做标筋示意

e. 做护角。在室内墙面、柱面和门窗洞口的阳角抹灰要线条清晰、挺直，并应防止碰撞损坏。因此，凡是与人、物经常接触的内墙面、柱面和门洞口处的阳角部位，都需要做护角，做法应符合设计要求；无设计规定的条件下，应采用 1:2 水泥砂浆做护角，其高度不低于 2 m，每侧宽度不应小于 50 mm。如图 9-5 所示为抹灰用阳角器和阴角器。

f. 抹底层、中层灰。将砂浆抹于墙面两条标筋之间，底层要低于标筋的 1/3，由上而下抹灰；底层灰凝结后再抹中层灰，根据灰饼、标筋厚度装满砂浆为准，然后用长、短木杠按标筋刮平，经去高填低、搓磨，使表面达到平整密实。如图 9-6 所示为装档刮杠示意图。

阳角器FZ-6001　　阴角器FZ-6002

图 9-5　抹灰用阳角器和阴角器

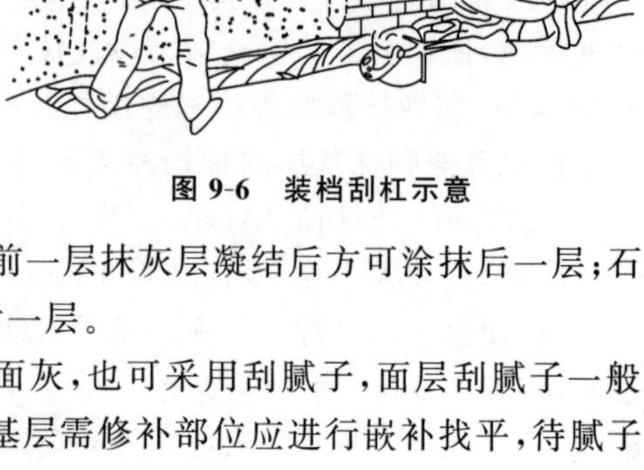

图 9-6　装档刮杠示意

水泥砂浆和水泥混合砂浆的抹灰层，应待前一层抹灰层凝结后方可涂抹后一层；石灰砂浆抹灰层，应待前一层七八成干后，方可涂抹后一层。

g. 罩面层抹灰。内墙面的面层可以抹罩面灰，也可采用刮腻子，面层刮腻子一般不少于两遍，总厚度 1 mm 左右，头道腻子刮后，在基层需修补部位应进行嵌补找平，待腻子干透后，用砂纸磨平，扫净浮灰，头道腻子干燥后，再刮第二遍。

（2）外墙面抹灰施工。

① 工艺流程：交接检验→基层处理→找规矩→挂线、做灰饼和标筋→抹底层、中层灰→弹线、粘贴分格条→罩面层抹灰。

② 施工主要内容。

a．交接检验和基层处理。做法与要求同内墙面抹灰。外墙抹灰工程施工前应先安装钢木门窗框、护栏等，并应将墙上的施工孔洞堵塞密实。

b．找规矩、挂线、做灰饼和标筋。高层建筑可利用墙大角、门窗口两边，用经纬仪打直线找垂直。多层建筑，可从顶层用大线坠吊垂直，绷铁丝找规矩。横向水平线可依据楼层标高或施工 500 mm 线为水平基准线进行交圈控制，然后根据抹灰的厚度做灰饼和标筋。灰饼和标筋的做法与内墙相同。

c．弹线、粘贴分格条。在室外抹灰时，为了增加墙面美观，同时避免罩面砂浆收缩后产生裂缝，一般均有分格条分格。做分格条一般在底层完成后进行，根据水平线弹出横向分格线，竖向分格线借助线坠进行。根据分格线长度将分格条尺寸分好，然后用钢抹子将素水泥浆抹在分格条的背面，水平分格条宜粘在水平线的下口，垂直分格条粘贴在垂线的左侧，随后应用直尺校正，并将分格条两侧用水泥浆抹成八字形斜角。面层抹至与分格条齐平，然后按分格条厚度刮平、搓实。

d．抹灰。外墙抹灰层要有一定的耐久性，可采用水泥混合砂浆或水泥砂浆。要特别注意墙面基层的洁净和潮湿，浇水要透，以免影响黏结力。因外墙面由檐口到地面，抹灰面大，在门窗、阳台、明柱、腰线等处要横平竖直，所以抹灰操作宜按一步架的高度自上往下进行。抹灰方法与内墙相同。

e．外墙抹灰顺序：屋檐→阳角线→台口线→门窗边→墙面→勒脚、散水、明沟。

（3）细部抹灰施工。

细部抹灰主要是指窗台、压顶、阳台、檐口处流水坡度、滴水线、滴水槽的抹灰和预留洞、配电箱、槽、盒等处的抹灰。如图 9-7 所示为部分细部示意图。

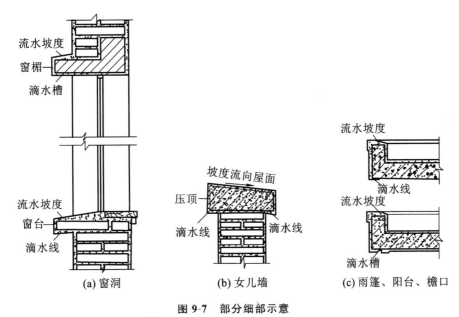

图 9-7　部分细部示意

① 流水坡度。外窗台做成向外的流水坡度,压顶和阳台做成向内的流水坡度,设计无要求时,流水坡度以 10% 为宜。

② 滴水线。将垂直面下端与水平面间的直角改为锐角,并将角往下伸约 10 mm,形成滴水。

③ 滴水槽。在底面距边口 20~30 mm 处抹灰时嵌入滴水槽塑料条,抹后取出,滴水槽的宽度和深度均不小于 10 mm,并要整齐一致。

④ 护角、孔洞、槽、盒周围的抹灰表面应整齐、光滑;管道后面的抹灰表面应平整。

2. 装饰抹灰工程

装饰抹灰与一般抹灰的底层灰、中层灰基本相同,其区别在于两者具有不同的装饰面层。下面介绍几种主要的装饰抹灰面层的施工方法。

1) 水刷石施工

水刷石饰面是以水泥浆为胶结料、石渣为骨料组成的水泥石渣浆,涂抹在中层砂浆上,然后将水泥石子浆罩面中尚未干硬的表面水泥浆用水冲刷掉,使各色石子外露,形成具有"绒面感"的表面。这种饰面耐久性强,具有良好的装饰效果。水刷石表面应石粒清晰、分布均匀、紧密平整、色泽一致,无掉粒和接槎痕迹。

(1) 施工工艺:墙面基层处理→吊线、找方、做灰饼、冲筋→湿润墙面→抹底层砂浆→抹中层砂浆→弹线和粘贴分格条→抹水泥石子浆→洗刷→养护。

(2) 施工要点。

① 清理基层,弹线分格、粘钉分格条。将大面积划分成小格,可防止面层开裂。

② 抹水泥石子(粒)浆:抹水泥浆(水灰比 0.37~0.4),随即抹水泥石子(粒)浆面层,做到抹平、压实。同一分格内的抹灰顺序应自下而上,同一平面的面层要求一次完成,不宜留施工缝,否则应留在分格条的位置上。

③ 修整。将遗留的孔隙抹平,石子应分布均匀、紧密。

④ 喷刷、冲洗。罩面灰浆初凝后,达到刷不掉石子的程度时,边冲洗边刷浆,使石子均匀露出 1~2 mm 或 1/2 粒径,使之清晰可见,均匀密布。然后用清水从上往下全部冲洗干净。

⑤ 起分格条,并修饰好分格缝。

2) 斩假石施工

斩假石又称剁斧石,是在水泥砂浆基层上涂抹掺入石屑及石粉的水泥石渣石屑浆,涂抹在建筑物表面,待硬化后,用剁斧、各种凿子等工具用斩凿方法剁出有规律的石纹,使其类似天然花岗岩、青条石等表面形态,是仿制天然石料的一种建筑饰面。斩假石表面剁纹应均匀顺直、深浅一致,应无漏剁处;阳角处应横剁并留出宽窄一致的不剁边条,棱角应无损坏。

(1) 施工工艺:墙面基层处理→吊线、找方、做灰饼、冲筋→湿润墙面→抹底层砂浆→抹中层砂浆→弹线、粘贴分格条→刮一层水泥浆→铺抹水泥石渣石屑浆→养护→剁纹→清理、勾缝。

(2) 施工要点。

① 抹面层石渣:根据设计图纸的要求在底子灰上弹好分格线,贴好分格条,当设计无要求时,也要适当分格。待分格条有一定强度后,便可抹面层石渣,先抹一层素水泥浆,随即抹

面层,面层用 1:1.25(体积比)水泥石渣浆,厚度为 10 mm 左右。然后用铁抹子横竖反复压几遍,直至赶平压实,边角无空隙。随即用软毛刷蘸水把表面水泥浆刷掉,使露出的石渣均匀一致。

② 养护、试剁:面层抹完后约隔 24 h 浇水养护。常温(15～30 ℃)隔 2～3 d 可开始试剁,在气温较低时(5～15 ℃)抹好后隔 4～5 d 可开始试剁。

③ 剁石:如经试剁石子不脱落便可正式剁。剁石时用力要一致,垂直于大面,顺着一个方向剁,以保持剁纹均匀。一般剁石的深度以石渣剁掉三分之一比较适宜,使剁成的假石成品美观大方。

3) 干粘石施工

干粘石饰面是将干石子直接粘在砂浆层上的一种装饰抹灰做法。装饰效果与水刷石差不多,但湿作业量小,节约材料,工效高。干粘石表面应色泽一致,不露浆,不漏粘,石粒应粘接牢固、分布均匀,阳角处应无明显黑边。

(1) 施工工艺:墙面基层处理→吊线、找方、做灰饼、冲筋→湿润墙面→抹底层砂浆→抹中层砂浆→弹线和粘贴分格条→抹面层砂浆→甩石子→压石子→修整拍平。

(2) 施工要点。

① 中层灰六七成干时,弹线、分格、钉分格条。

② 抹黏结层:可用 1:3 水泥浆,抹前可用水湿润中层,黏结层的厚度取决于石子的大小。按分格一次连续抹一块或数块区域。

③ 甩石子、压石子:黏结砂浆抹平后,应立即甩石子,先四周,后中间,做到大面均匀,边角和分格条两侧不漏粘。接着压石子并压入砂浆 1/2 粒径。

④ 起分格条,并修饰好,使分格缝顺直清晰。

4) 假面砖施工

假面砖又称仿面砖,适用于装饰外墙面,假面砖是指采用彩色砂浆和相应的工艺处理,将抹灰面抹制成陶瓷饰面砖分块形式及其表面效果的装饰抹灰做法。假面砖表面应平整、沟纹清晰、留details整齐、色泽一致,无掉角、脱皮、起砂等缺陷。

(1) 施工工艺 :墙面基层处理→吊线、找方、做灰饼、冲筋→抹底层、中层灰→抹面层灰、做面砖→清扫墙面。

(2) 施工要点。

① 彩色砂浆配制。按设计要求的饰面色调配制做出样板,以确定标准配合比。

② 操作工具及其应用。操作工具主要有靠尺板(上面划出面砖分块尺寸的刻度)以及划缝工具铁皮刨、铁钩、铁梳子或铁棍等。用铁皮刨或铁钩划制模仿饰面砖墙面的宽缝效果,以铁梳子或铁棍划出或滚压出饰面砖的密缝效果。

③ 底层和中层抹灰表面达到平整并保持粗糙,凝结硬化后洒水湿润,即可进行弹线。先弹宽缝线,用以控制面层划沟(面砖凹缝)的顺直度。然后抹 1:1 水泥砂浆垫层,厚度为 3 mm;接着抹面层彩色砂浆,厚度为 3～4 mm。

④ 待面层彩色砂浆稍收水后,即用铁梳子沿靠尺铁板划纹,纹深 1 mm 左右,划纹方向与宽缝线相垂直,作为假面砖密缝;然后用铁皮刨或铁钩沿靠尺板划沟(也可采用铁棍进行滚压划纹),纹路凹入深度以露出垫层为准。

⑤ 面砖表面施工完成后,及时将飞边砂粒清扫干净。

3. 抹灰工程的施工质量

（1）各种砂浆抹灰层，在凝结前应防止快干、水冲、撞击、振动和受冻，在凝结后应采取措施防止污染和损坏。水泥砂浆抹灰层应在湿润条件下养护。

（2）抹灰层与基层之间及各抹灰层之间必须黏结牢固，抹灰层应无脱层、空鼓，面层应无爆灰和裂缝。

（3）装饰抹灰分格条(缝)的设置应符合设计要求，宽度和深度应均匀，表面应平整光滑，棱角应整齐。

（4）抹灰工程的施工质量验收的内容依据和工具。

① 有关抹灰工程的分项工程、子分项工程的质量验收记录和检验批质量验收的具体内容，如主控项目、一般项目及检验方法可参见现行的《建筑工程施工质量验收统一标准》(GB 50300—2013)、《建筑装饰装修工程质量验收规范》(GB 50210—2001)。

② 抹灰工程的施工质量验收的工具，如图9-8所示的建筑工程质量检测器。

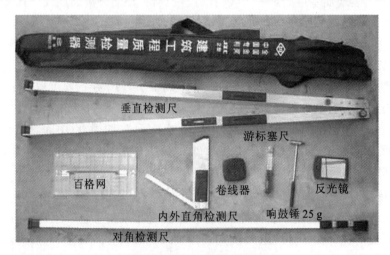

图 9-8　建筑工程质量检测器

（5）一般抹灰工程质量的允许偏差和检验方法应符合表9-1的规定。

表 9-1　一般抹灰的允许偏差和检验方法

项次	项　目	允许偏差/mm		检 验 方 法
		普通抹灰	高级抹灰	
1	立面垂直度	4	3	用2 m垂直检测尺检查
2	表面平整度	4	3	用2 m靠尺和塞尺检查
3	阴阳角方正	4	3	用直角检测尺检查
4	分格条(缝)直线度	4	3	用5 m线，不足5 m拉通线，用钢直尺检查
5	墙裙、勒脚上口直线度	4	3	拉5 m线，不足5 m拉通线，用钢直尺检查

注：1. 普通抹灰，本表第3项阴角方正可不检查；

　　2. 顶棚抹灰，本表第2项表面平整度可不检查，但应平顺。

（6）装饰抹灰工程质量的允许偏差和检验方法应符合表9-2的规定。

表 9-2　装饰抹灰的允许偏差和检验方法

项次	项　目	允许偏差/mm				检 验 方 法
		水刷石	斩假石	干粘石	假面砖	
1	立面垂直度	5	4	5	5	用 2 m 靠尺和塞尺检查
2	表面平整度	3	3	5	4	用 2 m 靠尺和塞尺检查
3	阳角方正	3	3	4	4	用直角检测尺检查
4	分格条(缝)直线度	3	3	3	3	用 5 m 线,不足 5 m 拉通线,用钢直尺检查
5	墙裙、勒脚上口直线度	3	3	—	—	用 5 m 线,不足 5 m 拉通线,用钢直尺检查

9.2.2　墙面饰面砖(板)工程

饰面砖(板)工程是指将块料面层镶贴(或安装)在基层上,以形成饰面层的施工。

1. 墙面饰面砖(板)工程概述

1) 饰面砖(板)工程分类

(1) 按面层材料不同,墙面饰面砖(板)工程可分为饰面砖工程和饰面板工程。

(2) 按施工工艺不同,墙面饰面砖(板)工程可分为饰面砖粘贴工程和饰面板安装工程。

2) 作业条件

(1) 主体结构已进行中间验收并确认合格;有防水要求的部位防水层已施工完毕并经验收合格;饰面的基层的平整度和垂直度合格;门窗框已安装完毕并检验合格。

(2) 全部饰面材料符合设计要求(品种、规格、外观、尺寸等),并应有产品质量合格证明和近期质量检测报告;按计划数量验收合格并进场。

(3) 水电管线、卫生洁具等预埋件、预留孔洞或安装位置线已确定,并准确留置,经检验符合要求。

2. 墙面饰面砖工程

1) 内墙饰面砖施工

(1) 工艺流程:基层处理→抹底层灰、中层灰并找平→选砖、浸砖→预排砖→弹线→做标志块→垫托木→面砖铺贴→勾缝→养护及清理。

(2) 施工要点。

① 基层处理和找平层砂浆,施工方法与装饰抹灰基本相同。光滑的基层表面已凿毛或喷涂界面剂,达到粗糙的表面效果。

② 选砖。为保证镶贴质量,必须在镶贴前按颜色的深浅、尺寸的大小不同进行分选。要求挑选的面砖规格一致,形状平整方正,无缺棱掉角、开裂和脱釉,无凹凸扭曲、颜色不均匀等缺陷。经过分选的面砖应分别存放。

③ 浸砖。按材质确定是否需浸泡,若需浸泡,饰面砖粘贴前应放入清水中浸泡,一般约 2 h 以上,以不显气泡为准。浸泡后取出晾干,以饰面砖表面有潮湿感,手按砖背无水迹时方

可粘贴。

④ 预排砖。按照设计要求及砖的情况预排面砖，以确定面砖的墙面布置位置及块数，作为弹线和细部做法的依据。

⑤ 弹线。根据设计要求和预排砖的效果，定好面砖所贴位置，在符合镶贴饰面砖要求的基面上弹出相应的水平和垂直控制线。如弹出最上皮砖的上口线和最下皮砖的下口线，以及饰面砖分格线等。

⑥ 做标志。为了控制整个镶贴饰面砖表面的平整度，正式镶贴前，在墙上粘贴小块的饰面砖作为标志块，上下用托线板挂直，作为粘贴厚度的依据，横向每隔 1.5 m 左右做一个标志块，用拉线或靠尺校正其平整度。

⑦ 垫托木。以所弹地平控制线为依据，设置支撑面砖的地面木托板。加木托板的目的是为了防止面砖因自重向下滑移，木托板上表面应加工平整。

⑧ 面砖铺贴。

a. 在釉面砖背面均匀铺满结合浆料（水泥砂浆厚度为 6~10 mm，水泥浆厚度为 2~3 mm），四周刮成斜面，注意边角满浆，贴于墙面的面砖就位后应用力按压，并用灰铲木柄或橡皮锤轻击砖面，使面砖紧密粘于墙面。

b. 整砖的镶贴，从木托板开始自下而上进行。每行宜从阳角处开始镶贴，把非整砖留在阴角处。

c. 细部处理：应先贴大面，后贴阴阳角、凹槽等难度较大、耗工较多的部位。

d. 铺贴完整行的面砖后，需再用长靠尺横向校正一次。对高于标志块的应轻轻敲击，使其平整；若低于标志块时，应取下面砖，重新抹满结合浆料铺贴，不得在砖口处塞浆，以免产生空鼓。然后依次按以上方法往上铺贴。

e. 保证饰面砖间的缝隙宽度，应采取措施防止饰面砖因自重下滑。如用小钉、木片（棍）、塑料十字架等。

⑨ 勾缝。墙面面砖的缝隙常用专用嵌缝材料或水泥浆（常用白色）擦嵌密实。

⑩ 擦洗清理。勾缝后用抹布将砖面擦净。如砖面污染严重，可用稀盐酸清洗后用清水冲洗干净。

2）外墙饰面砖施工

（1）工艺流程：基层处理→抹底层灰、中层灰并找平→选砖→预排砖→弹线→铺贴→勾缝→清理。

（2）施工要点。

① 基层处理和找平层砂浆。外墙面砖的基层和找平层处理与外墙面抹灰的基层和中层相同。

② 选砖。根据设计图样的要求，按颜色、尺寸等进行选砖，经过分选的面砖应分别存放。

③ 预排砖。外墙面砖镶贴排砖的方法较多，故应按照立面分格的设计要求预排面砖，以确定面砖的皮数、块数和具体位置，作为弹线和细部做法的依据。预排外墙面砖应当核实外墙的实际尺寸，以便于确定外墙找平层厚度以及确定横向水平缝、竖向垂直缝的疏密。外墙饰面砖的镶贴：镶贴形式如图 9-9 所示。

④ 弹线。根据预排结果画出大样图，在每层楼的楼面标高处，按照预排面砖实际尺寸和对称效果，按照缝的宽窄大小，弹出水平和垂直分缝线。

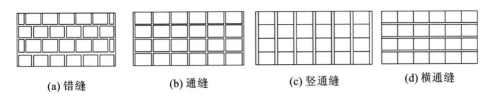

(a) 错缝   (b) 通缝   (c) 竖通缝   (d) 横通缝

图 9-9　饰面砖镶贴形式

⑤ 镶贴施工。每隔 1.5～2 m 做标志块,铺贴的砂浆一般为水泥砂浆或水泥混合砂浆,其稠度要一致。在湿润的找平层上刷上一道素水泥浆。然后抹浆贴砖,用橡胶锤轻敲,使其贴实平整。镶贴顺序应自上而下分层、分段进行,但每层、每段内镶贴顺序应是自下而上进行。对凸出墙面的窗台、腰线、滴水槽等部位的排砖,应注意面砖必须做出一定的坡度,水平面砖应盖住立面砖,底面砖应贴出滴水鹰嘴。

⑥ 勾缝、擦洗清理。在完成一个施工段的墙面砖镶贴并检查合格后,即可进行勾缝、清洁砖面。

垂直线间距＝N 个砖宽(长)＋N 个竖缝宽;横线间距＝N 个砖长(宽)＋N 个水平缝宽。

3) 锦砖(马赛克)施工

锦砖(马赛克)的品种、颜色及图案选择由设计而定。锦砖(马赛克)是成联供货,故镶贴墙面的尺寸最好是砖联尺寸的整数倍,尽量避免将锦砖(马赛克)拆散。

当砖联与墙面结合黏住后,要将背纸撕揭干净。

墙面镶贴锦砖(马赛克)施工要点如下。

(1) 内墙自下而上、逐面墙进行。外墙先自上而下进行分段,然后在每分段内从下而上镶贴,宜连续贴完。

(2) 按图案形式在干净的底层灰上弹线。

(3) 在湿润的底层灰上刷上一道水泥浆。

(4) 抹平 2～3 mm 厚 1:0.3 水泥纸筋灰或 3 mm 厚 1:1水泥浆黏结层。

(5) 贴上砖联:贴实、平整。非整砖联处,预先将砖联连同背纸一同裁割,然后镶贴上去。

砖联可预先放在木垫板上,连同木垫板一起贴上去,敲打木垫板即可。砖联平整后即取下木垫板。

(6) 结合层黏住砖联后,洒水湿润(或根据背纸的材性涂刷相应材料)砖联的背纸,并撕揭干净。

(7) 结合层初凝前,修整各锦砖间的接缝及修补掉粒锦砖。

(8) 结合层终凝后,用水泥擦缝。

(9) 擦缝水泥干硬后,清洁锦砖面。

(10) 阳角处不宜将一面锦砖边凸出去盖住另一面锦砖接缝,而应各自贴到角线处,缺口处用水泥细砂浆勾缝。

4) 饰面砖粘贴工程的质量要求

(1) 饰面砖的品种、规格、图案颜色和性能应符合设计要求。

(2) 饰面砖粘贴工程的找平、防水、黏结和勾缝材料及施工方法应符合设计要求及国家现行产品标准和工程技术标准的规定。

（3）饰面砖粘贴必须牢固，表面应平整、洁净、色泽一致，无裂痕和缺损。

（4）满粘法施工的饰面砖工程应无空鼓、裂缝。

（5）饰面砖阴阳角处搭接方式、非整砖使用部位应符合设计要求。

（6）墙面凸出物周围的饰面砖应整砖套割吻合，边缘应整齐。墙裙、贴脸凸出墙面的厚度应一致。

（7）饰面砖接缝应平直、光滑，填嵌应连续、密实；宽度和深度应符合设计要求。

（8）有排水要求的部位应做滴水线（槽）。滴水线（槽）应顺直，流水坡向应正确，坡度应符合设计要求。

（9）饰面砖粘贴的允许偏差和检验方法应符合表 9-3 的规定。

表 9-3　饰面砖粘贴的允许偏差和检验方法

项次	项　目	允许偏差/mm		检 验 方 法
		外墙面砖	风墙面砖	
1	立面垂直度	3	2	用 2 m 垂直检测尺检查
2	表面平整度	4	3	用 2 m 靠尺和塞尺检查
3	阴阳角方正	3	3	用直角检测尺检查
4	接缝干线度	3	2	拉 5 m 线，不足 5 m 拉通线，用钢直尺检查
5	接缝高低差	1	0.5	用钢直尺和塞尺检查
6	接缝宽度	1	1	用钢直尺检查

3. 墙面饰面板工程

1）小规格石材饰面板的安装

小规格大理石板、花岗岩板、青石板等板材，当其尺寸小于 300 mm×300 mm，板厚 8～12 mm，粘贴高度低于 1 m 的踢脚板、勒脚时，可采用水泥砂浆粘贴的方法安装，施工方法同墙面饰面砖施工。

2）大规格石材饰面板的湿法铺贴施工

湿法铺贴是传统的铺贴方法，适用于厚度为 20～30 mm 的大理石、花岗岩或预制水磨石板，墙体为砖墙或混凝土墙。湿法铺贴即在竖向基体上预挂钢筋网，用铜丝或镀锌钢丝绑扎板材并灌水泥砂浆粘牢，如图 9-10 所示。这种方法的优点是牢固可靠，缺点是工序繁琐、连接件多样、板材上钻孔易损坏，特别是灌注砂浆易污染板面和使板材移位。

（1）湿法铺贴工艺流程：基层处理→安装基层钢筋网（骨架）→板材钻孔、剔槽→绑扎、固定板材→分层灌浆→嵌缝→抛光。

（2）湿法铺贴施工要点如下。

① 安装基层钢筋网（骨架）。墙体设置锚固件，将钢筋网焊接或绑扎于锚固件上，形成挂贴饰面板的龙骨，如图 9-11 所示。

a. 在基层结构预埋铁环（$\phi 6 \sim \phi 8$ 钢筋），与钢筋网（立筋和横筋组成）绑扎。

b. 用射钉或膨胀镙钉固定，形成钢筋网。

c. 用冲击电钻先在基层打深度大于等于 60 mm 的孔，将 $\phi 6 \sim \phi 8$ 钢筋埋入，外露50 mm 并弯钩，在同一标高上置水平钢筋。

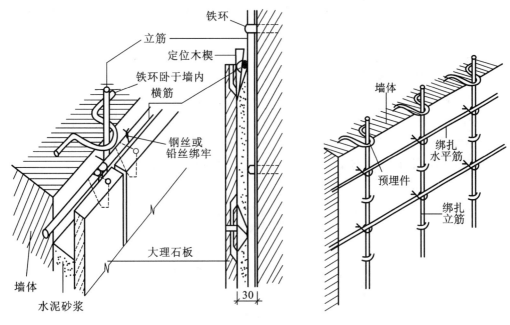

图 9-10　饰面板钢筋网片固定及安装方法　　　　图 9-11　基层钢筋网(骨架)

② 板材钻孔、剔槽。与连接件相对应,在板材相应位置钻孔、剔槽,如图 9-12 所示。

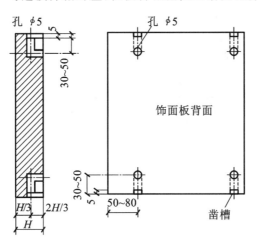

图 9-12　板材钻孔、剔槽

板长小于 500 mm 的,每块板上下边打 2 个孔;大于 800 mm 的钻四个孔,在 500~800 mm之间的钻三个孔。

③ 安装板材。饰面板必须由下向上进行安装,其安装方法可以如下。

a. 用铜丝或镀锌钢丝穿过板材上的小孔绑扎板材,与基层钢筋网(骨架)连接。

b. 将不锈钢斜直角钩的一端插入墙体斜洞中,另一端插入石材边的直孔中。

④ 分层灌浆。每安装好一行横向饰面板,即可进行灌浆。为防止漏浆,灌浆前要封堵接缝。可以用麻丝或泡沫塑料条塞缝 15~20 mm 深,或用石膏灰加泡沫塑料塞缝。为提高黏结强度,灌浆前,应浇水将饰面板背面及墙体表面湿润。用(1:3)~(1:2.5)的水泥砂浆分层灌注到饰面板背面与墙体之间的空隙内,每层水泥砂浆厚度为 150~200 mm,且不超过

1/3 板高(除最后一行外),用手工插捣密实。施工缝留在板水平缝以下 50～100 mm 处。

⑤ 清理、抛光。待水泥砂浆硬化后,将填缝材料清除,装饰缝隙,进行表面清洁、打蜡擦亮。

3)大规格石材饰面板的干挂法施工

干挂法施工工艺适用于厚度为 20～30 mm 的大理石、花岗岩或预制水磨石板,该工艺一般适用于钢筋混凝土外墙,不适用于砖墙或加气混凝土基层。即在饰面石材上直接打孔或开槽,用各种形式的连接件与结构基体上的膨胀螺栓或钢架相连接,而不需要灌注水泥砂浆或细石混凝土。饰面板材与墙体之间留出一定尺寸的空腔,如图 9-13 所示。

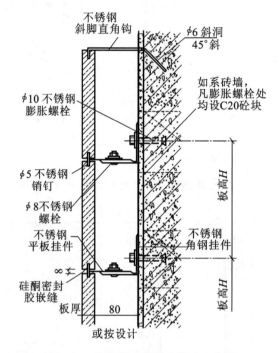

图 9-13 石材饰面板的干挂法示意图

(1)干挂法工艺流程:基层处理→测量放线→钻孔开槽→石材安装→密封嵌胶。

(2)干挂法施工要点。

① 基层处理。

a. 墙面修整以达到安装扣件、龙骨的要求。

b. 在外墙面上涂刷一层防水剂,以加强外墙的防水性能,或在弹线前进行墙面抹灰。

c. 在板材背面涂刷一层防水涂料,以增强外饰面的防水性能。若进场板材的背面已做好防水,可不做此工作。

② 测量放线。先将要干挂石材的墙面、柱面、门窗套等用测量仪器从上至下找出垂直。同时应考虑石材厚度及石材内皮距离结构表面的间距,一般以 60～80 mm 为宜。根据石材的高度用水准仪测定水平线并标注在墙上,板缝一般为 6～10 mm。弹线要从外墙饰面中心向两侧及上下分格,误差要匀开。

③ 钻孔开槽:与连接扣件相匹配,安装板材前先测量准确位置,然后再进行钻孔开槽,在墙面测量弹线时,准确标出钻孔位置,待钻孔及固定好膨胀螺栓锚固件后,再在板材的相

应位置钻孔开槽。

④ 龙骨(钢架)安装:根据设计要求及饰面石材的尺寸,在结构基层上安装钢架,作为安装石材的龙骨。

⑤ 石材安装:自下而上进行,应根据固定在墙面上的不锈钢锚固件的位置进行安装,一般是从中间或墙面阳角开始就位安装,安装要求四角平整,纵横对缝。具体操作是将石板孔槽和锚固件的固定销对位安装好,利用锚固件的长方形螺栓孔,调节石板的平整,用方尺找阴阳角方正,拉通线找石板上口平直,检查安装质量,符合设计及规范要求后进行固定。用锚固件将石板固定牢固后,用嵌固胶将锚固件填堵固定。

⑥ 密封嵌胶:采用密封硅胶嵌缝进行防水处理。待石板挂贴完毕,进行表面清洁和清除缝隙中的灰尘,先用直径 8～10 mm 的泡沫塑料条填板内侧做衬底,其目的是控制接缝的密封深度和加强密封胶的粘接力,留 5～6 mm 深缝,在缝两侧的石板上,靠缝粘贴 10～15 mm 宽塑料胶带或分色纸,以防打胶嵌缝时污染板面,然后用打胶枪填满封胶,若密封胶污染板面,必须立即擦净。最后揭掉胶带,清洁石板表面,打蜡抛光。

4)金属饰面板施工

(1)金属饰面板施工工艺流程:放线→固定骨架连接件→固定骨架→金属饰面板安装→密封嵌胶。

(2)金属饰面板施工要点。

① 放线:根据设计图纸及实际现场情况,对要镶贴金属面板的大面进行吊直、套方、找规矩,并进行实测和放线,确定饰面墙板的尺寸和数量。

② 固定骨架连接件:骨架的横、竖杆件是通过连接件与结构固定的,连接件与结构之间,可以与结构预埋件焊牢,也可以在墙上打膨胀螺栓固定。

③ 固定骨架:骨架进行防腐处理后开始安装,要求位置准确、结合牢固,安装后要全面检查中心线、表面平整度和标高,以保证饰面板的安装精度。

④ 金属饰面板安装:墙板的安装顺序宜从每面墙的边部竖向第一排下部的第一块板开始,自下而上安装,安装完该面墙的第一排再安装第二排。每次安装铺设不超过 10 排墙板后,应吊线检查一次,以便及时消除误差。为保证墙面外观质量,螺栓位置必须准确,并采用单面施工的钩形螺栓固定,使螺栓的位置横平竖直。固定金属饰面板的方法常用的主要有两种:一种是将板条或方板用螺钉拧到型钢或木架上,这种方法耐久性好,多用于外墙;另一种是将板条卡在相匹配的龙骨上,这种方法多用于室内。

⑤ 密封嵌胶:板与板之间的缝隙一般为 10～20 mm,多用橡胶条或密封垫等弹性材料进行处理。

5)饰面板安装工程的质量要求

(1)饰面板安装工程的预埋件或后置埋件、连接件的数量、规格、位置、连接方法和防腐处理必须符合设计要求。后置埋件的现场拉拔强度必须符合设计要求。饰面板安装必须牢固。

(2)饰面板嵌缝应密实、平直,宽度和深度应符合设计要求,嵌填材料色泽应一致。

(3)采用湿作业法施工的饰面板工程,石材应进行防碱背涂处理。饰面板与基体之间的灌注材料应饱满、密实。

(4)饰面板上的孔洞应套割吻合,边缘应整齐。

(5)饰面板安装的允许偏差和检验方法应符合表 9-4 的规定。

表 9-4　饰面板安装的允许偏差和检验方法

项次	项目	允许偏差/mm							检 验 方 法
		石材			瓷板	木材	塑料	金属	
		光面	剁斧石	蘑菇石					
1	立面垂直度	2	3	3	2	1.5	2	2	用 2 m 垂直检测尺检查
2	表面平整度	2	3	—	1.5	1	3	3	用 2 m 靠尺和塞尺检查
3	阴阳角方正	2	4	4	2	1.5	3	3	用直角检测尺检查
4	接缝直线度	2	4	4	2	1	1	1	拉 5 m 线,不足 5 m 拉通线,用钢直尺检查
5	墙裙、勒脚上口直线度	2	3	3	2	2	2	2	拉 5 m 线,不足 5 m 拉通线,用钢直尺检查
6	接缝高低差	0.5	3	—	0.5	0.5	1	1	用钢直尺和塞尺检查
7	接缝宽度	1	2	2	1	1	1	1	用钢直尺检查

9.2.3　裱糊工程施工

裱糊工程是把壁纸、壁布用胶粘剂粘贴在内墙基层表面上。

1. 裱糊工程常用材料

（1）塑料壁纸:塑料纸基,用高分子乳液涂布面层,再印花、压纹而成。

（2）玻璃纤维布:玻璃纤维布为基层,涂耐磨的树脂,印压彩色图案、花纹或浮雕。

（3）无纺墙布:用天然纤维和合成纤维无纺成型,上树脂,印压彩色图案、花纹的高级装饰墙布。

（4）黏结剂。

2. 裱糊工艺流程

裱糊工艺流程:清扫基层、填补缝隙→墙面接缝处贴接缝带、补腻子、砂纸打磨→满刮腻子、磨平→涂刷防潮剂→涂刷底胶→墙面弹线→壁纸浸水→壁纸、基层涂刷黏结剂→墙纸裁纸、刷胶→上墙裱贴、拼缝、搭接、对花→赶压胶粘剂气泡→擦净胶水→修整。

3. 裱糊施工要点

(1)基层处理干净整洁。

① 墙面平整、阴阳角垂直方正:平整度达到用 2 m 靠尺检查,高低差不超过 2 mm。

② 洁净、坚实、无浮尘:适宜与墙纸牢固粘贴,底层必须达到坚硬,壁纸刀裁上去不应有划痕。

③ 干燥:混凝土和抹灰层墙面含水率应小于 8%,木基层应小于 12%。

④ 无麻点、无凹坑:墙面若有凹凸或裂纹,应用铲刀铲除,先用腻子抹平,再满刮腻子,干燥后再用砂纸打磨平整。

⑤ 刷基层处理剂:满刷一遍底胶或底油,作为基体表面的封闭,以避免基层吸水太快

引起胶粘剂脱水,影响墙纸黏结。为防止墙纸、墙布受潮脱落,可涂刷一层防潮涂料。

(2)弹线。

① 为使壁纸的花纹、图案、线条纵横连贯,在底胶干后,根据房间大小、门窗位置、壁纸宽度和花纹图案的完整性进行弹线,在室内正面向室内死角按壁纸幅面排幅,以壁纸宽度弹垂直线,作为裱糊的准线。

② 弹线时粉线的线色尽量与基层同色。

(3)裁纸。壁纸粘贴前应进行预拼试贴,以确定裁纸尺寸,使接缝花纹完整、效果良好。裁纸应根据弹线实际尺寸以墙面高度进行分幅拼花裁切,编上相应号码,两头预留 30～50 mm余量裁切,平放待用。

(4)焖水。裁好的壁纸应放入水槽中浸泡 5～10 min,取出后把明水抖掉,静置 10 min左右。根据材料的材质选择将纸润湿,如:纸基塑料墙纸遇水或胶液会膨胀;玻璃纤维基材壁纸、墙布和复合壁纸、墙布等,遇水无伸缩。

(5)刷胶。

① 根据材质决定是否在墙面和墙纸上各刷黏结剂一道,背面带胶的壁纸则只在墙面涂刷胶粘剂;墙面涂刷胶粘剂应比壁纸宽 20～30 mm。

② 胶粘剂应涂刷均匀、不漏刷,注意墙纸四周边缘要涂满胶液;墙面阴阳角处应增刷一道。

③ 涂好的墙纸,涂胶面对折放置 5 min,使胶液透入纸底后即可粘贴。每次涂刷数张墙纸,并按顺序粘贴。

(6)裱帖。将刷胶后的壁纸展开上部折叠部分,沿基准线贴到墙上,对缝必须严密、不显接槎,花纹图案的对缝端正吻合;用塑料刮板或毛刷刮平,赶出气泡和多余的胶粘剂,用干净毛巾将壁纸缝擦净,最后用壁纸刀割去上下多余部分。

① 先垂直面后水平面:贴垂直面时先上后下;贴水平面时先高后低。

② 先细部后大面:大面是先长墙面,后短墙面;显眼处以整幅开始,窄小的裁边留在不明显的阴角处。

③ 阳角处包角贴实,阳角处不得拼缝,墙纸应绕过墙角,宽度不超过 12 mm。

④ 阴角处搭缝贴,缝头留在背光面。先裱糊压在里面的转角墙纸,再粘贴非转角的墙纸,搭接宽度一般不小于 2～3 mm,且保持垂直、无毛边。

⑤ 粘贴的墙纸应与挂镜线、门窗贴脸板和踢脚板等紧接,不得有缝隙。

⑥ 在吊顶面上裱贴壁纸,应与主窗平行粘贴,以免光线折射显缝。带背胶的壁纸粘贴顶棚时,为增加其附着力,还应在纸上刷适量的胶粘剂。

⑦ 墙纸粘贴后,若发现空鼓、气泡时,可用针刺放气,再注射挤进胶粘剂,也可用墙纸刀切开泡面,加涂胶粘剂后,用刮板或毛刷压平密实。

⑧ 正在粘贴或刚粘贴完的房间,不应开窗,以免空气流动过大及温差过大使壁纸开胶。

4. 墙纸(布)成品保护

(1)为避免损坏、污染,裱贴墙纸(布)应尽量放在施工作业的最后一道工序。

(2)施工人员将手和工具保持高度的清洁,如沾有污迹,应及时用肥皂水或清洁剂清洗干净。

(3)粘贴墙纸时溢流出的胶粘剂液,应随时用毛巾擦干净,尤其是接缝处的胶痕,要处理干净。

(4)裱贴墙纸(布)时,应选择空气相对湿度在 85% 以下,温度不应有剧烈变化的季节,要坚决避免在潮湿的季节和潮湿的墙面上施工。

（5）施工时,白天应打开门窗,保持通风;晚上要关闭门窗,防止潮气进入。刚贴上墙面的墙纸,禁止大风猛吹,这样会影响其粘接牢度及其表面工程。

（6）抹灰层基层宜具有一定吸水性。混合砂浆和纸筋灰罩面后的基层,较适宜于裱贴墙纸(布),若用石膏罩面效果更佳。水泥砂浆抹光基层的裱贴效果较差。

5. 裱糊工程的质量要求

（1）裱糊工程材料品种、颜色、图案应符合设计要求。

（2）基层表面平整度、立面垂直度及阴阳角方正应达到高级抹灰的要求。

（3）基层表面颜色应一致。裱糊前应用封闭底胶涂刷基层。

（4）壁纸(或墙布)和墙必须粘贴牢固,不得有漏贴、补贴和脱层等缺陷。

（5）裱糊后的壁纸、墙布表面应平整,色泽一致,不得有波纹起伏、气泡、裂缝、皱折及斑污,斜视时应无胶痕。

（6）壁纸、墙布边缘平直整齐,表面平整,无波纹起伏。壁纸、墙布与挂镜线、贴脸板和踢脚板紧接,不得有缝隙。

（7）各幅拼接应横平竖直,拼接处花纹、图案吻合,不离缝,不搭接,距离墙面 1.5 m 处正视,不显拼缝。

（8）阴阳转角垂直,棱角分明,阴角处搭接顺光,阳角处无接缝。

9.2.4 涂料工程

涂料在建筑物表面干结成膜,对建筑物表面既有保护作用,又能起装饰作用。

1. 涂料的组成和分类

（1）涂料主要由胶粘剂、颜料、溶剂和辅助材料等组成。

（2）涂料品种繁多,根据划分的方式不同有以下几种。

① 按装饰部位分为内墙涂料、外墙涂料、顶棚涂料、地面涂料。

② 按成膜物质不同分为油性涂料(油漆)、有机高分子涂料、无机高分子涂料、有机-无机复合涂料。

③ 按涂料分散介质不同分为溶剂型涂料、水性涂料、乳液涂料(乳胶漆)。

2. 涂料施工的基层要求

（1）混凝土和抹灰表面。

① 坚实、无酥板、脱层、起砂、粉化等现象,否则应铲除。

② 表面要求平整,无孔洞、裂缝,否则须用同种涂料配制的腻子批嵌。

③ 表面干净,无油污、灰尘、泥土等。

④ 新建筑物的混凝土或抹灰层基层在涂饰涂料前应涂刷抗碱封闭底漆。

⑤ 旧墙面在涂饰涂料前应清除疏松的旧装修层,并涂刷界面剂。

⑥ 混凝土或抹灰基层涂刷溶剂型涂料时,含水率不得大于 8%。

⑦ 涂刷乳液型涂料时,含水率不得大于 10%。

（2）木材表面。

① 将表面上的灰尘、污垢清除。

② 把表面的缝隙、毛刺等用腻子填补,用砂纸磨光滑。

③ 木材基层的含水率不得大于 12%。

(3) 金属表面:将灰尘、油渍、锈斑、焊渣、毛刺等清除干净。

(4) 基层腻子应平整、坚实、牢固,无粉化、起皮和裂缝。

(5) 厨房、卫生间墙面必须使用耐水腻子。

3. 涂料施工方法

涂料施工主要操作方法有刷涂、滚涂、喷涂、刮涂、弹涂、抹涂等。

(1) 刷涂:人工用刷子蘸上涂料直接涂刷于被装饰的涂面。此法多用于刷油漆,要求不流、不挂、不皱、不漏、不露刷痕。

(2) 滚涂:人工利用涂料辊子蘸上少量涂料,在基层表面上下垂直来回滚动施涂。

(3) 喷涂是利用压缩空气将涂料制成雾状或粒状喷出,涂于被装饰的涂面的机械施工方法。

(4) 刮涂:人工利用刮板,将涂料厚浆均匀地批刮于涂面上,形成厚度为 1～2 mm 的厚涂层。此法多用于地面涂料施工。

(5) 弹涂是先在基层刷涂 1～2 道底涂层,待其干燥后,通过弹涂器将色浆均匀地溅在被饰墙面上,形成 1～3 mm 的圆状色点的机械施工方法。选用压花型弹涂时,应适时将彩点压平。

(6) 抹涂:先在基层刷涂或滚涂 1～2 道底涂料,待其干燥后,使用不锈钢抹灰工具将饰面涂料抹到底层涂料上。

4. 涂料工程质量要求

涂料工程应待涂层完全干燥后,方可进行验收。

(1) 所用的材料品种、型号和性能应符合设计要求。

(2) 颜色、图案应符合设计要求。

(3) 在基层上涂饰应均匀、黏结牢固,不得漏涂、透底、起皮、掉粉和反锈。

(4) 涂层与其他装修材料和设备衔接处应吻合,界面应清晰。

5. 薄涂料的涂饰质量和检验方法

薄涂料的涂饰质量和检验方法应符合表 9-5 的规定。

表 9-5　薄涂料的涂饰质量和检验方法

项次	项　目	普通涂饰	高级涂饰	检验方法
1	颜色	均匀一致	均匀一致	观察
2	泛碱、咬色	允许少量轻微	不允许	
3	流坠、疙瘩	允许少量轻微	不允许	
4	砂眼、刷纹	允许少量轻微砂眼、刷纹通顺	无砂眼,无刷纹	
5	装饰线、分色线直线度允许偏差/mm	2	1	拉 5 m 线,不足 5 m 拉通线,用钢直尺检查

6. 厚涂料的涂饰质量和检验方法

厚涂料的涂饰质量和检验方法应符合表 9-6 的规定。

表 9-6 厚涂料的涂饰质量和检验方法

项　次	项　目	普通涂饰	高级涂饰	检　验　方　法
1	颜色	均匀一致	均匀一致	观察
2	泛碱、咬色	允许少量轻微	不允许	
3	点状分布	—	疏密均匀	

7. 复合涂料的涂饰质量和检验方法

复合涂料的涂饰质量和检验方法应符合表 9-7 的规定。

表 9-7 复合涂料的涂饰质量和检验方法

项　次	项　目	质　量　要　求	检　验　方　法
1	颜色	均匀一致	观察
2	泛碱、咬色	不允许	
3	喷点疏密程度	均匀,不允许连片	

8. 色漆的涂饰质量和检验方法

色漆的涂饰质量和检验方法应符合表 9-8 的规定。

表 9-8 色漆的涂饰质量和检验方法

项次	项　目	普通涂饰	高级涂饰	检　验　方　法
1	颜色	均匀一致	均匀一致	观察
2	光泽、光滑	光泽基本均匀光滑无挡手感	光泽均匀一致光滑	观察、手摸检查
3	刷纹	刷纹通顺	无刷纹	观察
4	裹棱、流坠、皱皮	明显处不允许	不允许	观察
5	装饰线、分色线直线度允许偏差/mm	2	1	拉 5 m 线,不足 5 m 拉通线,用钢直尺检查

注:无光色漆不检查光泽。

9. 清漆的涂饰质量和检验方法

清漆的涂饰质量和检验方法应符合表 9-9 的规定。

表 9-9 清漆的涂饰质量和检验方法

项次	项　目	普通涂饰	高级涂饰	检　验　方　法
1	颜色	基本一致	均匀一致	观察
2	木纹	棕眼刮平、木纹清楚	棕眼刮平、木纹清楚	观察
3	光泽、光滑	光泽基本均匀光滑无挡手感	光泽均匀一致光滑	观察、手摸检查
4	刷纹	无刷纹	无刷纹	观察
5	裹棱、流坠、皱皮	明显处不允许	不允许	观察

9.2.5　隔墙工程施工

1．隔墙的构造类型

（1）砌块式：与黏土砖墙相似，即非承重墙。

（2）骨架式：骨架隔墙是指在隔墙龙骨两侧安装墙面板以形成墙体的轻质隔墙。这一类隔墙主要是由龙骨作为受力骨架固定于建筑主体结构上，即用木材或型钢做成龙骨（木龙骨、轻钢龙骨、铝合金龙骨），外层做饰面板（如胶合板、纤维板、刨花板等）。目前大量应用的轻钢龙骨石膏板隔墙就是典型的骨架隔墙。

（3）板材式：板材隔墙是指不需设置隔墙龙骨，由隔墙板材自承重，将预制或现制的隔墙板材直接固定于建筑主体结构上的隔墙工程。即采用高度等于室内净高的条形板材进行拼装。常用的有复合轻质墙板、石膏空心条板、预制或现制钢丝网水泥板等。

2．轻钢龙骨纸面石膏板隔墙施工

轻钢龙骨纸面石膏板隔墙由沿顶龙骨、沿地龙骨、竖向龙骨、加强龙骨和横撑龙骨以及配件组成，如图 9-14 所示。

施工工艺流程：弹线→固定沿地、沿顶和沿墙龙骨→龙骨架装配及校正→预埋管线安装→石膏板固定→饰面处理。

（1）弹线：根据设计要求确定隔墙位置、尺寸和门窗位置、尺寸，对轻钢龙骨按先配长料、后配短料的原则进行划分、下料。

（2）固定沿地、沿顶和沿墙龙骨：与结构预埋件连接或用金属膨胀螺栓与室内地面、顶面、墙面固定。

（3）龙骨架装配及校正：按设计要求和石膏板尺寸进行骨架分格设置。

图 9-14　轻钢龙骨纸面石膏板隔墙

（4）预埋管线安装：按设计要求进行预埋管线安装。

（5）石膏板固定：将石膏板竖向放置，贴在龙骨上，用电钻同时把板材与龙骨一起打孔，再拧上自攻螺丝固定。

（6）饰面处理：石膏板之间的拼缝用嵌缝石膏腻子嵌平，再整体刮腻子一道，干燥后用砂纸打平，即可按设计要求进行饰面工程施工，如裱糊墙纸、墙布，涂料施工等。

3．铝合金隔墙的施工

铝合金隔墙是用铝合金型材组成框架，再配以玻璃等其他材料装配而成，如图 9-15 所示。

其主要施工工序：弹线→划线、下料→组装框架、安装固定→安装玻璃。

（1）弹线：根据设计要求确定隔墙在室内的具体位置、墙高、竖向型材的间隔位置等。

图 9-15　铝合金隔墙

（2）划线、下料。在平整干净的工作台上，用钢尺和钢划针对型材划线，不碰伤型材表面，长度误差为±0.5 mm。下料时按先长料、后短料的原则进行，并将竖向型材与横向型材分开。

（3）组装框架、安装固定。铝合金型材相互连接主要用铝角和自攻螺钉；与地面、墙面的连接，则主要用铁脚固定法。

（4）安装玻璃。先按框洞尺寸缩小 3～5 mm 裁好玻璃，将玻璃就位后，用与型材同色的铝合金槽条，在玻璃两侧夹住，校正后将槽条用自攻螺钉与型材固定。安装活动窗口上的玻璃，应与制作铝合金活动窗口同时进行。

4．隔墙的质量要求

（1）所用材料品种、规格、性能、颜色、构造、固定方法和位置等应符合设计要求。有隔声、隔热、阻燃、防潮等特殊要求的工程，板材应有相应性能等级的检测报告。

（2）轻质隔墙与顶棚和其他墙体的交接处应采取防开裂措施。

（3）板材隔墙安装所需预埋件、连接件的位置、数量及连接方法应符合设计要求，与周边墙体连接应牢固。

（4）骨架隔墙工程边框龙骨必须与基体结构连接牢固，并应平整、垂直、位置正确。

（5）沿地面、顶棚设置的龙骨及边框龙骨，是隔墙与主体结构之间重要的传力构件，要求这些龙骨必须与基体结构连接牢固，垂直和平整，交接处平直，位置准确。

（6）骨架隔墙中龙骨间距和构造连接方法应符合设计要求。骨架内设备管线的安装、门窗洞口等部位加强龙骨应安装牢固、位置正确，填充材料的设置应符合设计要求。

（7）隔墙板材安装应垂直、平整、位置正确，板材不应有裂缝或缺损；表面应平整光滑、色泽一致、洁净，接缝应均匀、顺墙体表面应平整、接缝密实、光滑、无凹凸现象、无裂缝。

（8）隔墙上的孔洞、槽、盒应位置正确、套割方正、边缘整齐。

5．板材隔墙安装的允许偏差和检验方法

板材隔墙安装的允许偏差和检验方法应符合表 9-10 的规定。

表 9-10　板材隔墙安装的允许偏差和检验方法

项次	项目	允许偏差/mm				检 验 方 法
		复合轻质墙板		石膏空心板	钢丝网水泥板	
		金属夹芯板	其他复合板			
1	立面垂直度	2	3	3	3	用 2 m 垂直检测尺检查
2	表面平整度	2	3	3	3	用 2 m 靠尺和塞尺检查
3	阴阳角方正	3	3	3	4	用直角检测尺检查
4	接缝高低差	1	2	2	3	用钢直尺和塞尺检查

6. 骨架隔墙安装的允许偏差和检验方法

骨架隔墙安装的允许偏差和检验方法应符合表 9-11 的规定。

表 9-11　骨架隔墙安装的允许偏差和检验方法

项次	项　　目	允许偏差/mm		检 验 方 法
		纸面石膏板	人造木板、水泥纤维板	
1	立面垂直度	3	4	用 2 m 垂直检测尺检查
2	表面平整度	3	3	用 2 m 靠尺和塞尺检查
3	阴阳角方正	3	3	用直角检测尺检查
4	接缝直线度	—	3	拉 5 m 线,不足 5 m 拉通线,用钢直尺检查
5	压条直线度	—	3	拉 5 m 线,不足 5 m 拉通线,用钢直尺检查
6	接缝高低差	1	1	用钢直尺和塞尺检查

9.2.6　玻璃幕墙工程

1. 玻璃幕墙分类

（1）明框玻璃幕墙:其玻璃板镶嵌在铝框内,成为四边有铝框的幕墙构件。

（2）隐框玻璃幕墙:将玻璃板用结构胶黏结在铝框上,铝框全部隐蔽在玻璃后面,形成大面积全玻璃镜面。

（3）半隐框玻璃幕墙:将玻璃板两对边嵌在铝框内,另两对边用结构胶黏结在铝框上,形成半隐框玻璃幕墙。立柱外露、横梁隐蔽的称为竖框横隐幕墙;横梁外露、立柱隐蔽的称为竖隐横框幕墙。

（4）全玻璃幕墙:外墙全使用玻璃板,其支承结构采用玻璃肋。

（5）挂架式(点支承)玻璃幕墙:采用四爪式不锈钢挂件与立柱相焊接,每块玻璃四角在生产厂家加工钻 4 个 ϕ20 孔,挂件的每个爪与一块玻璃的一个孔相连接,即一块玻璃固定于四个挂件上。

2. 玻璃幕墙的安装要点

（1）定位放线:根据幕墙的造型、尺寸和图纸要求,与主体结构测量放线相配合,进行幕墙的放样、弹线,其中心线和标高由主体结构单位提供并校核准确。各种埋件的数量、规格、位置及防腐处理须符合设计要求。

（2）骨架安装:一般先安装竖向杆件(立柱),待竖向杆件就位后,再安装横向杆件。

① 骨架的固定是用连接件将骨架与主体结构相连。

② 固定方式有两种:一种是在主体结构上预埋铁件,将连接件与预埋铁件焊牢;另一种是主体结构上钻孔,然后用膨胀螺栓将连接件与主体结构相连。

（3）玻璃安装:玻璃镀膜面应朝室内方向;玻璃与构件不得直接接触,玻璃四周与构件凹槽底部应保持一定的空隙,每块玻璃下应至少放置两块宽度与槽口宽度相同、长度不小于100 mm 的弹性定位垫块。

（4）耐候胶嵌缝：玻璃板材或金属板材安装后，板材之间的间隙必须用耐候胶嵌缝予以密封，防止气体渗透和雨水渗漏。

3. 幕墙的质量要求

（1）主体结构与幕墙连接的各种预埋件，其数量、规格、位置和防腐处理必须符合设计要求。

（2）幕墙及其连接件应具有足够的承载力、刚度和相对于主体结构的位移能力。幕墙构架立柱的连接金属角码与其他连接件应采用螺栓连接，并应有防松动措施。

（3）明框玻璃幕墙的外露框或压条应横平竖直，颜色、规格应符合设计要求，压条安装应牢固。单元玻璃幕墙的单元拼缝或隐框玻璃幕墙的分格玻璃拼缝应横平竖直、均匀一致。

（4）隐框、半隐框幕墙所采用的结构黏结材料必须是中性硅酮结构密封胶，其性能必须符合《建筑用硅酮结构密封胶》(GB 16776—2005)的规定。玻璃幕墙的密封胶缝应横平竖直、深浅一致、宽窄均匀、光滑顺直。

（5）玻璃幕墙应无渗漏。玻璃幕墙结构胶和密封胶的注入应饱满、密实、连续、均匀、无气泡，宽度和厚度应符合设计要求和技术标准的规定。

（6）幕墙应使用安全玻璃，玻璃的品种、规格、颜色、光学性能及安装方向应符合设计要求。幕墙玻璃的厚度不应小于 6.0 mm。全玻璃幕墙肋玻璃的厚度不应小于 12 mm。

（7）点支承玻璃幕墙应采用带万向头的活动不锈钢爪，其钢爪间的中心距离应大于250 mm。

（8）幕墙的抗震缝、伸缩缝、沉降缝等部位的处理应保证缝的使用功能和饰面的完整性。

（9）幕墙工程的设计应满足维护和清洁的要求。

4. 明框玻璃幕墙安装的允许偏差和检验方法

明框玻璃幕墙安装的允许偏差和检验方法应符合表 9-12 的规定。

表 9-12　明框玻璃幕墙安装的允许偏差和检验方法

项次	项　目		允许偏差/mm	检 验 方 法
1	幕墙垂直度	幕墙高度≤30 m	10	用经纬仪检查
		30 m<幕墙高度≤60 m	15	
		60 m<幕墙高度≤90 m	20	
		幕墙高度>90 m	25	
2	幕墙水平度	幕墙幅宽≤35 m	5	用水平仪检查
		幕墙幅宽>35 m	7	
3	构件直线度		2	用 2 m 靠尺和塞尺检查
4	构件水平度	构件长度≤2 m	2	用水平仪检查
		构件长度>2 m	3	
5	相邻构件错位		1	用钢直尺检查
6	分格框对角线长度差	对角线长度≤2 m	3	用钢尺检查
		对角线长度>2 m	4	

5．隐框、半隐框玻璃幕墙安装的允许偏差和检验方法

隐框、半隐框玻璃幕墙安装的允许偏差和检验方法应符合表 9-13 的规定。

表 9-13 隐框、半隐框玻璃幕墙安装的允许偏差和检验方法

项次	项　目		允许偏差/mm	检验方法
1	幕墙垂直度	幕墙高度≤30 m	10	用经纬仪检查
		30 m<幕墙高度≤60 m	15	
		60 m<幕墙高度≤90 m	20	
		幕墙高度>90 m	25	
2	幕墙水平度	层高≤3 m	3	用水平仪检查
		层高>3 m	5	
3	幕墙表面平整度		2	用 2 m 靠尺和塞尺检查
4	板材立面垂直度		2	用垂直检测尺检查
5	板材上沿水平度		2	用 1 m 水平尺和钢直尺检查
6	相邻板材板角错位		1	用钢直尺检查
7	阳角方正		2	用直角检测尺检查
8	接缝直线度		3	拉 5 m 线,不足 5 m 拉通线,用钢直尺检查
9	接缝高低差		1	用钢直尺和塞尺检查
10	接缝宽度		1	用钢直尺检查

9.3　楼地面工程

1．楼地面的组成及分类

（1）楼地面是房屋建筑底层地面与楼层地面的总称,主要由面层、找平层、垫层、基层等组成。

（2）楼地面分类。

① 按面层材料分为水泥混凝土、水泥砂浆、水磨石、自流平、陶瓷锦砖、大理石和花岗岩、木地板和竹地面等。

② 按面层结构分为整体面层、板块面层和木、竹面层。

2．楼地面工程的划分

确定楼地面各子分部工程和相应的各分项工程名称的划分,有利于施工质量的检验和验收。建筑地面子分部工程、分项工程的划分,按表 9-14 执行。

表 9-14　建筑地面子分部工程、分项工程划分表

分部工程	子分部工程		分项工程
建筑装饰装修工程	地面	整体面层	基层:基土、灰土垫层,砂垫层和砂石垫层,碎石垫层和碎砖垫层,三合土及四合土垫层,炉渣垫层,水泥混凝土垫层和陶粒混凝土垫层,找平层,隔离层,填充层,绝热层
			面层:水泥混凝土面层、水泥砂浆面层、水磨石面层、硬化耐磨面层、防油渗面层、不发火(防爆的)面层、自流平面层、涂料面层、塑胶面层、地面辐射供暖的整体面层
		板块面层	基层:基土、灰土垫层,砂垫层和砂石垫层,碎石垫层和碎砖垫层,三合土及四合土垫层,炉渣垫层,水泥混凝土垫层,找平层,隔离层,填充层,绝热层
			面层:砖面层(陶瓷锦砖、缸砖、陶瓷地砖和水泥花砖面层)、大理石面层和花岗石面层、预制板块面层(水泥混凝土板块、水磨石板块、人造石板块面层)、料石面层(条石、块石面层)、塑料板面层、活动地板面层、金属板面层、地毯面层、地面辐射供暖的板块面层
		木、竹面层	基层:基土、灰土垫层,砂垫层和砂石垫层,碎石垫层和碎砖垫层,三合土及四合土垫层,炉渣垫层,水泥混凝土垫层,找平层,隔离层,填充层,绝热层
			面层:实木地板、实木集成地板、竹地板面层(条材、块材面层)、实木复合地板面层(条材、块材面层)、浸渍纸层压木质地板面层(条材、块材面层)、软木类地板面层(条材、块材面层)、地面辐射供暖的木板面层

3. 楼地面的检验方法

楼地面的检验方法应符合下列规定:

(1) 检查允许偏差应采用钢尺、1 m 直尺、2 m 直尺、3 m 直尺、2 m 靠尺、楔形塞尺、坡度尺、游标卡尺和水准仪;

(2) 检查空鼓应采用敲击的方法;

(3) 检查防水隔离层应采用蓄水方法,蓄水深度最浅处不得小于 10 mm,蓄水时间不得少于 24 h;检查有防水要求建筑地面的基层(各构造层)和面层,应采用泼水或蓄水方法,蓄水时间不得少于 24 h;

(4) 检查各类面层(含不需铺设部分或局部面层)表面的裂纹、脱皮、麻面和起砂等缺陷,应采用观感的方法。

4. 楼地面施工质量要求

(1) 基层铺设材料质量、密实度和强度等级(或配合比)等应符合设计要求和相关规范的规定。

(2) 基层(各构造层)和面层铺设前,其下一层表面应干净、无积水。

(3) 建筑地面工程基层(各构造层)和面层的铺设,均应待其下一层检验合格后方可施工上一层。

(4) 建筑地面的沉降缝和防震缝的宽度应符合设计要求,缝内清理干净,以柔性密封材料填嵌后用板封盖,并应与面层齐平。

（5）厕浴间、厨房和有排水（或其他液体）要求的建筑地面面层与相连接的各类面层的标高差应符合设计要求。

（6）各类面层的铺设宜在室内装饰工程基本完工后进行。木、竹面层以及活动地板、塑料板、地毯面层的铺设，应待抹灰工程或管道试压等施工完工后进行。

（7）各类基层和面层的表面允许偏差应符合相应规范的规定。

5．基层

基层是面层下的构造层，包括填充层、隔离层、绝热层、找平层、垫层和基土等。

1）基层的一般规定

（1）基层铺设的材料质量、密实度和强度等级（或配合比）等应符合设计要求和相关规范的规定。

（2）基层铺设前，其下一层表面应干净、无积水。

（3）垫层分段施工时，接槎处应做成阶梯形，每层接槎处的水平距离应错开 0.5～1.0 m。接槎处不应设在地面荷载较大的部位。

（4）当垫层、找平层、填充层内埋设暗管时，管道应按设计要求予以稳固。

（5）对有防静电要求的整体地面的基层，应清除残留物，将露出基层的金属物涂绝缘漆两遍晾干。

（6）基层的标高、坡度、厚度等应符合设计要求。基土应均匀密实，压实系数应符合设计要求，设计无要求时，压实系数不应小于 0.9。

2）基土施工

基土就是底层地面的地基土层。基土的一般规定如下。

（1）抄平弹线，统一标高。检测各个房间的地坪标高，并将离地面一定高度的水平标高线弹在各房间四壁上，最为常见的是离设计地面标高 500 mm，称"50 线"。

（2）填土应分层摊铺、分层压（夯）实、分层检验其密实度。

① 填土时应为最优含水量。重要工程或大面积的地面填土前，应取土样，按击实试验确定最优含水量与相应的最大干密度。

② 基土不应用淤泥、腐殖土、冻土、耕植土、膨胀土和建筑杂物作为填土，填土土块的粒径不应大于 50 mm。

③ 基土经夯实后的表面应平整，用 2 m 靠尺检查，要求基土表面凹凸不大于 15 mm，标高应符合设计要求，其偏差应控制在 0～50 mm 之间。

3）垫层

垫层是承受并传递地面荷载于基土上的构造层。垫层的一般规定如下。

（1）清理基层，检测弹线。

（2）浇筑混凝土垫层前，基层应洒水湿润。

（3）浇筑大面积混凝土垫层时，纵、横方向应每隔 6～10 m 设中间水平桩，以控制其厚度。

（4）松散材料垫层应适当浇水并用平板振动器振实。

（5）灰土垫层的厚度不应小于 100 mm。灰土垫层应铺设在不受地下水浸泡的基土上。施工后应有防止水浸泡的措施。

(6) 砂垫层的厚度不应小于 60 mm;砂石垫层的厚度不应小于 100 mm。砂石应选用天然级配材料,不应含有草根等有机杂质;砂应采用中砂;石子最大粒径不应大于垫层厚度的 2/3。

(7) 碎石垫层和碎砖垫层的厚度不应小于 100 mm。碎石的强度应均匀,最大粒径不应大于垫层厚度的 2/3;碎砖不应采用风化、酥松、夹杂有机杂质的砖料,颗粒粒径不应大于 60 mm。

(8) 三合土垫层的厚度不应小于 100 mm;四合土垫层的厚度不应小于 80 mm。三合土、四合土的体积比应符合设计要求。水泥宜采用硅酸盐水泥、普通硅酸盐水泥;熟化石灰颗粒粒径不应大于 5 mm;砂应用中砂,并不得含有草根等有机物质;碎砖不应采用风化、酥松和有机杂质的砖料,颗粒粒径不应大于 60 mm。

(9) 炉渣垫层的厚度不应小于 80 mm。炉渣垫层施工过程中不宜留施工缝。当必须留缝时,应留直槎,并保证间隙处密实,接槎时应先刷水泥浆,再铺炉渣拌和料。炉渣垫层与其下一层结合应牢固,不应有空鼓和松散炉渣颗粒。

(10) 水泥混凝土垫层的厚度不应小于 60 mm;陶粒混凝土垫层的厚度不应小于 80 mm。室内地面的水泥混凝土垫层和陶粒混凝土垫层,应设置纵向缩缝和横向缩缝;纵向缩缝、横向缩缝的间距均不得大于 6 m。

4) 找平层

找平层是在垫层、楼板上或填充层(轻质、松散材料)上起整平、找坡或加强作用的构造层。找平层的一般规定如下。

(1) 找平层宜采用水泥砂浆或水泥混凝土铺设。当找平层厚度小于 30 mm 时,宜用水泥砂浆做找平层;当找平层厚度不小于 30 mm 时,宜用细石混凝土做找平层。水泥砂浆体积比、水泥混凝土强度等级应符合设计要求,且水泥砂浆体积比不应小于 1:3(或相应强度等级);水泥混凝土强度等级不应小于 C15。

(2) 找平层铺设前,当其下一层有松散填充料时,应予以铺平振实。

(3) 有防水要求的建筑地面工程,铺设前必须对立管、套管和地漏与楼板节点之间进行密封处理,并应进行隐蔽验收;排水坡度应符合设计要求。

(4) 在预制钢筋混凝土板上铺设找平层前,板缝填嵌的施工应符合下列要求。

① 预制钢筋混凝土板相邻缝底宽不应小于 20 mm。

② 填嵌时,板缝内应清理干净,保持湿润。

③ 填缝应采用细石混凝土,其强度等级不应小于 C20。填缝高度应低于板面 10～20 mm,且振捣密实;填缝后应养护。当填缝混凝土的强度等级达到 C15 后方可继续施工。

④ 当板缝底宽大于 40 mm 时,应按设计要求配置钢筋。

(5) 在预制钢筋混凝土板上铺设找平层时,其板端应按设计要求做防裂的构造措施。

(6) 找平层与其下一层结合应牢固,不应有空鼓。

(7) 找平层表面应密实,不应有起砂、蜂窝和裂缝等缺陷。

5) 隔离层

隔离层是防止建筑地面上各种液体或地下水、潮气渗透地面等作用的构造层;当仅防止地下潮气透过地面时,可称为防潮层。隔离层的一般规定如下。

(1) 隔离层材料的防水、防油渗性能应符合设计要求。隔离层厚度应符合设计要求。

(2) 隔离层的铺设层数(或道数)、上翻高度应符合设计要求。

(3) 在水泥类找平层上铺设卷材类、涂料类防水、防油渗隔离层时,其表面应坚固、洁净、干燥,铺设前应涂刷基层处理剂,基层处理剂应采用与卷材性能相容的配套材料或采用与涂料性能相容的同类涂料的底子油。

(4) 铺设防水隔离层时,在管道穿过楼板面四周,防水、防油渗材料应向上铺涂,并超过套管的上口;在靠近柱、墙处,应高出面层 200～300 mm,或按设计要求的高度铺涂。阴阳角和管道穿过楼板面的根部应增加铺涂附加防水、防油渗隔离层。

(5) 防水隔离层铺设后,应按规范的规定进行蓄水检验,并做记录。

(6) 厕浴间和有防水要求的建筑地面必须设置防水隔离层。楼层结构必须采用现浇混凝土或整块预制混凝土板,混凝土强度等级不应小于 C20;房间的楼板四周除门洞外应做混凝土翻边,高度不应小于 200 mm,其宽度与墙的厚度相同。混凝土强度等级不应小于 C20。施工时结构层标高和预留孔洞位置应准确。严禁乱凿洞。

(7) 防水隔离层严禁渗漏,排水的坡向应正确、排水通畅。

(8) 隔离层与其下一层应黏结牢固,不应有空鼓;防水涂层应平整、均匀,无脱皮、起壳、裂缝、鼓泡等缺陷。

6) 填充层

填充层就是建筑地面中具有隔声、找坡等作用和暗敷管线的构造层。填充层的一般规定如下。

(1) 填充层材料的密度应符合设计要求。

(2) 填充层的下一层表面应平整。当为水泥类时,尚应洁净、干燥,并不得有空鼓、裂缝和起砂等缺陷。

(3) 采用松散材料铺设填充层时,应分层铺平拍实;采用板、块状材料铺设填充层时,应分层错缝铺贴。

(4) 有隔声要求的楼面,隔声垫在柱、墙面的上翻高度应超出楼面 20 mm,且应收口于踢脚线内。地面上有竖向管道时,隔声垫应包裹管道四周,高度与卷向柱和墙面的高度相同。隔声垫保护膜之间应错缝搭接,搭接长度应大于 100 mm,并用胶带等封闭。

(5) 隔声垫上部应设置保护层,其构造做法应符合设计要求。当设计无要求时,混凝土保护层厚度不应小于 30 mm,内配间距不大于 200 mm×200 mm 的 $\phi 6$ 钢筋网片。

(6) 松散材料填充层铺设应密实;板块状材料填充层应压实、无翘曲。

(7) 填充层的坡度应符合设计要求,不应有倒泛水和积水现象。

7) 绝热层

绝热层就是用于地面阻挡热量传递的构造层。绝热层的一般规定如下。

(1) 绝热层材料的性能、品种、厚度、构造做法应符合设计要求和国家现行有关标准的规定。绝热层材料进入施工现场时,应对材料的导热系数、表观密度、抗压强度或压缩强度、阻燃性进行复验。

(2) 建筑物室内接触基土的首层地面应增设水泥混凝土垫层后方可铺设绝热层,垫层的厚度及强度等级应符合设计要求。首层地面及楼层楼板铺设绝热层前,表面平整度宜控制在 3 mm 以内。

(3) 有防水、防潮要求的地面,宜在防水、防潮隔离层施工完毕并验收合格后再铺设绝热层。

(4) 绝热层与地面面层之间应设有水泥混凝土结合层或水泥砂浆找平层,构造做法及强度等级应符合设计要求。设计无要求时,水泥混凝土结合层的厚度不应小于 30 mm,层内应设置间距不大于 200 mm×200 mm 的 φ6 钢筋网片。绝热层表面应平整,允许偏差应符合相关规范的规定。

(5) 有地下室的建筑,地上、地下交界部位楼板的绝热层应采用外保温做法,绝热层表面应设有外保护层。外保护层应安全、耐候,表面应平整、无裂纹。

(6) 绝热层的板块材料应采用无缝铺贴法铺设,表面应平整。

(7) 绝热层的厚度应符合设计要求,不应出现负偏差,表面应平整。

(8) 绝热层表面应无开裂。

9.3.1 整体面层

整体面层有水泥混凝土(含细石混凝土)面层、水泥砂浆面层、水磨石面层、硬化耐磨面层、防油渗面层、不发火(防爆)面层、自流平面层、涂料面层、塑胶面层、地面辐射供暖的整体面层等。其中,以水泥混凝土(含细石混凝土)面层、水泥砂浆面层最为常见。整体面层的一般规定如下。

(1) 铺设整体面层时,水泥类基层的抗压强度不得小于 1.2 MPa,表面应粗糙、洁净、湿润,并不得有积水。铺设前宜凿毛或涂刷界面剂。硬化耐磨面层、自流平面层的基层处理应符合设计及产品的要求。

(2) 铺设整体面层时,地面变形缝的位置应符合设计和规范的规定;大面积水泥类面层应设置分格缝。

(3) 整体面层施工后,养护时间不应少于 7 d;抗压强度应达到 5 MPa 后方准上人行走;抗压强度应达到设计要求后,方可正常使用。

(4) 水泥类整体面层的抹平工作应在水泥初凝前完成,压光工作应在水泥终凝前完成。

(5) 整体面层的允许偏差和检验方法应符合表 9-15 的规定。

表 9-15 整体面层的允许偏差和检验方法

项次	项目	允许偏差/mm									检验方法
		水泥混凝土面层	水泥砂浆面层	普通水磨石面层	高层水磨石面层	硬化耐磨面层	防油渗混凝土和不发火(防爆)面层	自流平面层	涂料面层	塑料面层	
1	表面平整度	5	4	3	2	4	5	2	2	2	用 2 m 靠尺和塞尺检查
2	踢脚线上口平直	4	4	3	3	4	4	3	3	3	拉 5 m 线和用钢尺检查
3	缝格顺直	3	3	3	2	3	3	2	2	2	

1. 水泥混凝土面层

1) 基本要求

(1) 水泥混凝土面层厚度和强度等级应符合设计要求,且强度等级不应小于 C20。水泥混凝土垫层兼面层强度等级不应小于 C15,厚度不应小于 60 mm。

(2)原材料合格。水泥一般用硅酸盐水泥、普通硅酸盐水泥,其抗压强度不小于 32.5 MPa;水泥混凝土采用的粗骨料宜选用中砂或粗砂,其最大粒径不应大于面层厚度的 2/3,细石混凝土面层采用的石子粒径不应大于 16 mm。

(3)混凝土采用机械搅拌,应计量准确,搅拌要均匀,颜色一致。

(4)水泥混凝土面层铺设不得留施工缝。当施工间隙超过允许时间规定时,应对接槎处进行处理。

2)工艺流程

工艺流程:抄平弹线→基层处理→设置分格缝→设置灰饼和冲筋→刷结合层→铺水泥混凝土面层→搓平压光→养护。

3)施工工艺

(1)抄平弹线,确定面层标高。面层施工前,测定地平面层标高,校正门框;在室内墙面上弹好水平基准线,一般采用建筑 50 线,即线下 500 mm 作为水泥混凝土面层标高。

(2)基层处理。清除表面灰尘、铲掉基层上的浆皮、落地灰、清刷油污等杂物,修补基层达到设计要求,提前 1～2 d 浇水湿透,可有效避免面层空鼓。

(3)设置分格缝。楼地面面积较大时,要按设计要求设置变形缝,一般留在梁的上部、门口、结构变化处等位置。

(4)贴灰饼和冲筋层。根据房间四周墙上弹的水平标高控制线抹灰饼,控制面层厚度符合设计要求,且不小于 40 mm,一般每隔 2 m 左右抹一个灰饼,灰饼上平面即为楼地面上标高。如果房间较大,为保证整体面层的平整度,应以灰饼的高度拉水平线做通长的标筋来控制面层厚度。注意,有坡度的须将流水坡度做好,抄平时要注意各室内地面与走廊高度的关系。

(5)刷结合层。水泥砂浆面层铺设前,宜涂刷界面剂或水灰比为 0.4～0.5 的水泥浆一层,增强面层与基层的黏结。要求:随涂刷结合剂,随铺水泥砂浆面层,随用刮尺赶平、木抹子压实。切忌采用在基层上浇水后撒干水泥的方法。

(6)铺水泥混凝土面层。刷结合层后,紧接着铺设水泥混凝土面层,简单找平后,用表面振动器振捣密实,然后用刮尺以灰饼和冲筋为基准赶平,以控制面层厚度。当施工间隙超过允许时间规定时,应对接槎处进行处理。当采用掺有水泥的拌和料做踢脚线时,不得用石灰砂浆打底。

(7)搓平压光:木刮杆刮平后,立即用木抹子将面层在水泥初凝前搓平压实,由内向外退着操作,并随时用 2 m 靠尺检查其平整度,偏差不应大于 5 mm。初凝后,面层压光宜用铁抹子分三遍完成,大面积施工可采用地面抹光机压光,由于机械压光压力较大,较人工而言,需稍硬一点,必须掌握好间隔时间。间隔时间过早,容易挠动面层造成空鼓;间隔时间过晚,达不到压光效果。另外,采用 C15 混凝土时,可采用随捣随抹的方法,要在压光前加适量的 1:2 或 1:2.5 的水泥砂浆干料。混凝土面层应在水泥初凝前完成抹平工作,水泥终凝前完成压光工作。

(8)面层养护:混凝土面层浇捣完毕后,应在 12 h 内加以覆盖和浇水,养护初期最好为喷水养护,浇水养护日期不少于 7 d。通常浇水次数以保持混凝土具有足够湿润状态为准,也可采用覆盖塑料布或盖细砂等方法保水养护。当混凝土抗压强度达 5 MPa 后方准上人行走,抗压强度达到设计要求后方可正常使用,并应注意后期的成品保护,确保面层的完整和不被污染。

4）质量检查

（1）面层与下一层应结合牢固，且应无空鼓和开裂。当出现空鼓时，空鼓面积不应大于 400 cm²，且每自然间或标准间不应多于 2 处。

（2）面层表面应洁净，不应有裂纹、脱皮、麻面、起砂等缺陷。

（3）面层表面的坡度应符合设计要求，不应有倒泛水和积水现象。

（4）踢脚线与柱、墙面应紧密结合，踢脚线高度和出柱、墙厚度应符合设计要求且均匀一致。当出现空鼓时，局部空鼓长度不应大于 300 mm，且每自然间或标准间不应多于 2 处。

（5）楼梯、台阶踏步的宽度、高度应符合设计要求。楼层梯段相邻踏步高度差应大于 10 mm；每踏步两端宽度差不应大于 10 mm，旋转楼梯梯段的每踏步两端宽度的允许偏差不应大于 5 mm。踏步面层应作防滑处理，齿角应整齐，防滑条应顺直、牢固。

（6）水泥混凝土面层的允许偏差应符合表 9-15 的规定。

2. 水泥砂浆面层

1）基本要求

（1）水泥砂浆面层的厚度应符合设计要求，且不应小于 20 mm。

（2）水泥宜采用硅酸盐水泥、普通硅酸盐水泥，不同品种、不同强度等级的水泥不应混用；砂应为中粗砂，当采用石屑时，其粒径应为 1～5 mm，且含泥量不应大于 3%；防水水泥砂浆采用的砂或石屑，其含泥量不应大于 1%。

（3）水泥砂浆的体积比（强度等级）应符合设计要求，且体积比应为 1:2，强度等级不应小于 M15。

（4）有排水要求的水泥砂浆地面，坡向应正确、排水通畅；防水水泥砂浆面层不应渗漏。

2）工艺流程和施工工艺

水泥砂浆面层的工艺流程和施工工艺基本和水泥混凝土面层相同，要严格控制各个环节，因为水泥砂浆面层更容易空鼓。

3）质量检查内容

水泥砂浆面层的质量检查内容和水泥混凝土面层相同。

4）水泥砂浆面层的允许偏差

应符合表 9-15 的规定。

3. 水磨石面层

水磨石地面属于整体面层类地面。其整体性好、花色多样、美观耐用、容易清洁，但工序繁多，质量控制不易，会随主体结构一起开裂，开裂后难修补。水磨石地面分为普通水磨石面层和高级（彩色）水磨石面层。

1）基本要求

（1）水磨石面层应采用水泥与石粒拌和料铺设，有防静电要求时，拌和料内应按设计要求掺入导电材料。面层厚度除有特殊要求外，宜为 12～18 mm，且宜按石粒粒径确定。水磨石面层的颜色和图案应符合设计要求。

（2）水磨石面层拌和料的体积比应符合设计要求，且水泥与石粒的比例应为（1∶2.5）～（1∶1.5）。

（3）白色或浅色的水磨石面层应采用白水泥；深色的水磨石面层宜采用硅酸盐水泥、普通硅酸盐水泥或矿渣硅酸盐水泥；同颜色的面层应使用同一批水泥。同一彩色面层应使用同厂、同批的颜料；其掺入量宜为水泥重量的 3%～6% 或由试验确定。

（4）水磨石面层的石粒应采用白云石、大理石等岩石加工而成，石粒应洁净无杂物，其粒径除特殊要求外应为 6～16 mm；颜料应采用耐光、耐碱的矿物原料，不得使用酸性颜料。

（5）水磨石面层的结合层采用水泥砂浆时，强度等级应符合设计要求且不应小于 M10，稠度宜为 30～35 mm。

（6）分格条：常用 3～5 mm 厚的玻璃条、1～3 mm 厚的铜条，宽为 10～20 mm。防静电水磨石面层中采用导电金属分格条时，分格条应经绝缘处理，且十字交叉处不得碰接。

2）工艺流程

工艺流程：基层清理→浇水冲洗湿润→设置标筋→铺水泥砂浆找平层→养护→嵌分格条→铺抹水泥石子浆→养护→研磨→打蜡抛光。

3）施工工艺

（1）基层清理、铺水泥砂浆找平层：通常先在混凝土楼板或素混凝土垫层上，用水泥砂浆找平，厚度为 10～15 mm，需养护 1～2 d 至找平层结硬。

（2）弹线镶嵌分格条，分格条应平直、牢固、接头严密：按设计要求的图案弹出墨线，然后固定分格条，分格条安设时两侧用素水泥浆黏结抹八字条固定（略大于分格条的 1/2 高度）。分格条交叉处应留出 15～20 mm 的空隙不填水泥浆，以便铺设水泥石子浆时，石粒能靠近分格条交叉处，如图 9-16 所示。

（3）铺抹水泥石子浆：在底层刷素水泥浆，随后将不同色彩的水泥石子浆填入分格区内，先铺分格条边，后铺分格条中间。石子浆虚铺时比分格条高 3～5 mm，防止滚压时压碎玻璃条或压弯铜条。用铁抹子和直尺反复推平后，用滚筒滚压，再用抹子抹平修补，使石子分布均匀，石子浆密实、平整。石子浆表面比分格条稍高 1～2 mm，防止研磨时损坏分格条。

（4）养护和试磨：当石子浆的水泥终凝后，开始浇水养护，常温下养护 3～5 d；试磨时应以表面石粒不会松动为准，来确定是否可以正式开磨。

（5）正式开磨：一般采用"二浆三磨"，按粗磨、细磨、磨光顺序完成。普通水磨石磨光遍数不少于三遍，高级水磨石不少于四遍。机磨为主磨大面，手磨为辅磨小面、边角等处。头遍用 60～80 号粗金刚石磨，二遍用 120～150 号中金刚石磨，三遍用 180～240 号细金刚石磨，四遍用 240～300 号油石磨；头磨和中磨要求边磨边加水，磨匀、磨平，使分格条外露，磨完后将泥浆冲洗干净，用同色浆涂抹、修补砂眼，并养护 2～3 d；细磨后擦草酸一道，干燥后打蜡即可光亮如镜。

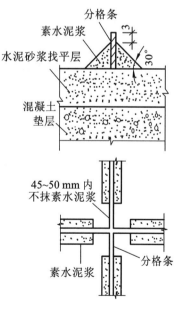

图 9-16　分格条的镶嵌

（6）打蜡抛光：细磨后，用水清洗干净后，涂上 10% 浓度的草酸溶液，用 280～320 号磨块进行磨光，做到表面光滑为止。用水冲洗、晾干后，在水磨石面层上满涂一层蜡，稍干后再用磨光面研磨,直到光滑洁亮为止。

4)水磨石面层的质量要求

(1)普通水磨石面层磨光遍数不应少于3遍。高级水磨石面层的厚度和磨光遍数应由设计确定。

(2)面层表面应光滑,且应无裂纹、砂眼和磨痕;石粒应密实,显露应均匀;颜色图案应一致,不混色;分格条应牢固、顺直和清晰。

(3)水磨石面层磨光后,在涂草酸和上蜡前,其表面不得污染。

(4)防静电水磨石面层应在表面经清净、干燥后,在表面均匀涂抹一层防静电剂和地板蜡,并应做抛光处理。

(5)面层与下一层结合应牢固,且应无空鼓、裂纹。当出现空鼓时,空鼓面积不应大于400 cm²,且每自然间或标准间不应多于2处。

(6)踢脚线与柱、墙面应紧密结合,踢脚线高度及出柱、墙厚度应符合设计要求且均匀一致。当出现空鼓时,局部空鼓长度不应大于300 mm,且每自然间或标准间不应多于2处。

(7)楼梯、台阶踏步的宽度、高度应符合设计要求。楼层梯段相邻踏步高度差不应大于10 mm;每踏步两端宽度差不应大于10 mm,旋转楼梯梯段的每踏步两端宽度的允许偏差不应大于5 mm。踏步面层应作防滑处理,齿角应整齐,防滑条应顺直、牢固。

(8)水磨石面层的允许偏差应符合表9-15的规定。

4. 自流平面层

自流平面层可采用水泥基、石膏基、合成树脂基等拌和物铺设。自流平地面就是由材料加水后,可以变成自由流动浆料,根据地势高低不平,能在地面上迅速展开,从而获得高平整度的地坪。自流平地面硬化速度快,24 h即可在上行走或进行后续工程,其施工快捷、简便是传统人工找平所无法比拟的。

1)特点

(1)施工简单、方便快捷。

(2)耐磨、耐用、经济、环保。

(3)优良的流动性,自动、精确地找平地面。

(4)3~4 h后可上人行走;24 h后可开放轻型交通。

(5)不增加标高,地面层薄2~5 mm,节省材料,降低成本。

(6)良好的黏结性、平整、不空鼓。

(7)广泛适用于民用、商用室内地面的精确找平。

(8)对人体无害、无辐射。

2)自流平面层做法

(1)基层处理。

① 检查地面平整度,确认地面平整;检查地面硬度,地面应无裂缝。施工前的基层混凝土强度不应小于C20,凹凸不平的地面、裂缝和孔洞应事先处理平整。

② 彻底清扫地面,清除地面各种污物,如油漆、油污及涂料等,然后将基面上的零散杂物清除干净;彻底吸净灰尘,必须保持表面坚硬,平整洁净。

(2)界面处理:让自流平水泥和基层能够衔接更紧密。在地面打磨处理步骤完成并清理干净后,就需要在打磨平整的地面上涂刷两次界面剂。

(3)现场调制自流平水泥。施工时仅需加水,可用机械(自流平搅拌及输送泵)或人工搅拌,将适量的清水倒入桶中,通常自流平水泥和水的比例是 1∶2,确保水泥能够流动,但又不可以太稀,否则干燥后强度不够,容易起灰。开启搅拌器边搅拌边徐徐加入一包(最好在 1 min 内加完)自流平水泥,搅拌 4~5 min,静止约 1 min 后,再次搅拌至均匀无团的浆状即可。

(4)浇筑与整平。

① 在界面剂干燥之后,就可以将搅拌好的自流平水泥倒在地上,水泥可以顺着地面流淌,但是不能完全流平,需要施工人员用工具将水泥推开,使水泥均匀地铺开。

② 施工人员可穿钉鞋进入施工地面,用齿口刮板将砂浆面层刮平,以消除倾倒衔接处的不平整,并保持所需的厚度。

③ 用放气滚筒轻轻滚动,以消除搅拌时产生的气泡。

④ 拌和好的自流平水泥应在 35 min 内用完。

(5)注意事项。

① 水泥不是纯液体,不可能绝对铺平,推赶过程中会有一些凹凸不平,这时就需靠滚筒将水泥压匀,避免地面出现局部的不平整以及后期局部的小块翘空等问题。

② 在施工过程中,施工人员难免要踩到水泥面上,为保证鞋子不会在水泥上留下印记,施工人员应穿上特殊的鞋子进行施工。

(6)养护:自流平水泥一般情况下不需要养护,如果冬季施工,要在基层自流平水泥表面洒水或采取覆盖塑料薄膜等措施养护 1~3 d。重度交通地面需养护 3 d 后方可通行。

3)自流平面层的质量要求

(1)自流平面层与墙、柱等连接处的构造做法应符合设计要求,铺设时应分层施工。

(2)自流平面层的基层应平整、洁净,基层的含水率应与面层材料的技术要求一致。

(3)自流平面层的构造做法、厚度、颜色等应符合设计要求。

(4)有防水、防潮、防油渗、防尘要求的自流平面层应达到设计要求。

(5)自流平面层的铺涂材料应符合设计要求和国家现行有关标准的规定。

(6)自流平面层的涂料进入施工现场时,应有放射性限量合格的检测报告。

(7)自流平面层的基层的强度等级不应小于 C20。

(8)自流平面层的各构造层之间应黏结牢固,层与层之间不应出现分离、空鼓现象。

(9)自流平面层的表面不应有开裂、漏涂和倒泛水、积水等现象。

(10)自流平面层应分层施工,面层找平施工时不应留有抹痕。

(11)自流平面层表面应光洁,色泽应均匀、一致,不应有起泡、泛砂等现象。

(12)自流平面层的允许偏差应符合表 9-15 的规定。

9.3.2 板块面层

板块面层包括砖面层、大理石和花岗石面层、预制板块面层、料石面层、塑料板面层、活动地板面层、金属板面层、地毯面层、地面辐射供暖的板块面层等面层。其中,以砖面层、大理石和花岗石面层最为常见。

铺设板块面层时,其水泥类基层的抗压强度不得小于 1.2 MPa。

板块的铺砌方向、图案等应符合设计要求,要先进行预排,避免出现板块小于 1/4 边长的边角料,影响观感效果。

铺设面层的结合层和填缝材料采用水泥砂浆时,在面层铺设后,表面应覆盖、湿润、养护时间不应少于 7d。当板块面层的水泥砂浆结合层的抗压强度达到设计要求后,方可正常使用。

大面积板块面层的伸、缩缝及分格缝应符合设计要求。

板块类踢脚线施工时,不得采用混合砂浆打底,防止板块类踢脚线的空鼓。

板块面层的允许偏差和检验方法应符合表 9-16 的规定。

表 9-16 板块面层的允许偏差和检验方法

	项　　目	表面平整度	缝格平直	接缝高低差	踢脚线上口平直	板块间隙宽度
允许偏差/mm	陶瓷锦砖面层、高级水磨石板、陶瓷地砖面层	2.0	3.0	0.5	3.0	2.0
	缸砖面层	4.0	3.0	1.5	4.0	2.0
	水泥花砖面层	3.0	3.0	0.5	—	2.0
	水磨石板块面层	3.0	3.0	1.0	4.0	2.0
	大理石面层、花岗岩面层、人造石面层、金属板面层	1.0	2.0	0.5	1.0	1.0
	塑料板面层	2.0	3.0	0.5	2.0	—
	水泥混凝土板块面层	4.0	3.0	1.5	4.0	6.0
	碎拼大理石、碎拼花岗岩面层	3.0	—	—	1.0	—
	活动地板面层	2.0	2.5	0.4	—	0.3
	条石面层	10	8.0	2.0	—	5.0
	块石面层	10	8.0	—	—	—
检验方法		用 2 m 靠尺和楔形塞尺检查	拉 5 m 线和用钢尺检查	用钢尺和楔形塞尺检查	拉 5 m 线和用钢尺检查	用钢尺检查

1. 砖面层

砖面层可采用陶瓷锦砖、缸砖、陶瓷地砖和水泥花砖等。

1）基本要求

(1) 砖面层应在结合层上铺设。

(2) 在水泥砂浆结合层上铺贴缸砖、陶瓷地砖和水泥花砖面层时,应符合下列规定。

① 在铺贴前,应对砖的规格尺寸、外观质量、色泽等进行预选;必要时,浸水湿润晾干待用。

② 勾缝和压缝应采用同品种、同强度等级、同颜色的水泥,并做养护和保护。

(3) 在水泥砂浆结合层上铺贴陶瓷锦砖面层时,砖底面应洁净,每联陶瓷锦砖之间、与结合层之间以及在墙角、镶边和靠柱、墙处应紧密贴合。在靠柱、墙处不得采用砂浆填补。

(4) 在胶结料结合层上铺贴缸砖面层时,缸砖应干净,铺贴应在胶结料凝结前完成。

2）工艺流程

采用水泥砂浆结合层工艺流程：清扫、整理基层地面→弹线、定位→选砖→预排砖→铺设砂浆结合层→铺贴地砖→处理砖缝→清洁、养护。

单块（张）的铺贴工艺流程：搅拌干硬性砂浆→铺干硬性砂浆→搓平→干铺砖面层→砖背面抹水泥膏→铺贴砖面层。

3）施工要点

（1）基层处理。对楼地面的起砂、空鼓、裂缝等要剔除修补，基层应清扫干净、洒水湿润。厨房和卫生间地面应做防水验收、预埋管线固定。

（2）弹线、定位。在地砖定位前弹好标高＋50 cm 水平控制线和各房间中心十字线及拼花分隔线。若房间内外铺贴不同地砖，其交接处应在门扇下中间位置。

（3）选砖。铺贴前，对地砖的规格、尺寸、色泽、外观质量等应进行预选，以确定符合设计要求的地砖，然后根据材质决定是否要浸水，若要浸水，应浸泡不少于 2h 后取出晾干至表面无明水。

（4）预排砖。为保证楼地面的装饰效果，预排砖是非常必要的工序。对于矩形楼地面，先在房间内拉对角线，查出房间的方正误差，以便把误差匀到两端，避免误差集中在一侧。板块的排列应符合设计要求，当设计无要求时，板块宜由房间中央向四周或从主要一侧向另一边排列，把边角料等非整砖放在周边或不明显处。

（5）刷结合层。在铺贴前，宜涂刷界面剂处理或涂刷水灰比为 0.4～0.5 的水泥浆一层，且随刷随铺，一定要将基层表面的水分清除，切忌采用在基层上浇水后撒干水泥的方法。

（6）铺贴地砖。根据已定铺贴方案先镶贴控制砖，一般纵横五块面砖设置一道控制线，根据控制线先铺贴好左右靠边近基准行的地砖，然后根据基准行由内向外挂线逐行铺贴。

（7）单块（张）的铺贴。采用人工或机械拌制干硬性水泥砂浆，拌合要均匀，以手握成团不泌水，手捏能自然散开为准，配合比按设计要求，用量要根据需要随拌随用，在水泥初凝前用完。

① 干硬性水泥砂浆结合层应用刮尺及木抹子压平打实。

② 将地砖干铺在结合层上，调整结合层的厚度和平整度，使地砖与控制线吻合，与相邻地砖缝隙均匀、表面平整。

③ 把地砖取出，用约 3 mm 厚的水泥膏满涂地砖背面，对准挂线及缝隙，将地砖铺贴上，用木锤或橡胶锤适度用力敲击至正确位置，并且一边铺贴一边用水平尺检查校正，将挤出的水泥膏及时清理干净。

④ 陶瓷锦砖（马赛克）要用平整木板压在块料上，用橡皮锤着力敲击至平正，将挤出的水泥膏及时清理干净。块料贴上后，在纸面刷水湿润，将纸揭去，并及时将纸屑清干净，拨正歪斜缝子，铺上平木板，用橡胶锤拍平打实。

（8）嵌缝。待粘贴水泥膏凝固后，应采用同品种、同强度等级、同颜色的水泥或用专门的嵌缝材料填平缝子，要求缝内填缝料密实、平整、光滑，随勾随将溢出的填缝料清走、擦净。

（9）养护。在面层铺设或填缝后，表面应覆盖、保湿，其养护时间不应少于 7d。

4）踢脚板

踢脚板是楼地面与墙面相交处的构造处理，高度一般为 100～150 mm。踢脚板的作用是遮盖楼地面与墙面的接缝,保护墙面根部及避免清洗楼地面时被沾污。踢脚板一般在地面铺贴完成后施工。

(1)一般采用与地面块材同品种的材料,镶贴前先将板材浸水湿润,将基层浇水湿透,均匀涂刷水泥浆,边刷边贴。

(2)根据 500 mm 水平控制线,测出踢脚板上口水平线,弹在墙上,再用线坠吊线,确定出踢脚板的出墙厚度。拉踢脚板上口水平线,在墙的两端各安装一块踢脚板,要求高度和出墙厚度一致,然后用 1∶2 水泥砂浆逐块依次镶贴,随时检查踢脚板的水平度和垂直度。

(3)镶贴前先将石板浸水湿润,阳角接口板按设计要求处理成 45°,阴角应使大面踢脚板压小面踢脚板。

(4)在墙面抹灰时,可空出一定高度不抹,一般以楼地面层向上量 150 mm 为宜,以便控制踢脚的出墙厚度。

(5)嵌缝做法同地面。

5)质量要求

(1)砖面层所用板块产品应符合设计要求和国家现行有关标准的规定。

(2)砖面层所用板块产品进入施工现场时,应有放射性限量合格的检测报告。

(3)面层与下一层的结合(黏结)应牢固,无空鼓(单块砖边角允许有局部空鼓,但每自然间或标准间的空鼓砖不应超过总数的 5%)。

(4)砖面层的表面应洁净、图案清晰、色泽应一致,接缝应平整,深浅应一致,周边应顺直。板块应无裂纹、掉角和缺楞等缺陷。

(5)面层邻接处的镶边用料及尺寸应符合设计要求,边角应整齐、光滑。

(6)踢脚线表面应洁净,与柱、墙面的结合应牢固。踢脚线高度及出柱、墙厚度应符合设计要求,且均匀一致。

(7)楼梯、台阶踏步的宽度、高度应符合设计要求。踏步板块的缝隙宽度应一致;楼层梯段相邻踏步高度差不应大于 10 mm;每踏步两端宽度差不应大于 10 mm,旋转楼梯梯段的每踏步两端宽度的允许偏差不应大于 5 mm。踏步面层应作防滑处理,齿角应整齐,防滑条应顺直、牢固。

(8)面层表面的坡度应符合设计要求,不倒泛水、无积水;与地漏、管道结合处应严密牢固,无渗漏。

(9)砖面层的允许偏差应符合表 9-16 的规定。

2. 大理石板面层和花岗石板面层

大理石、花岗石面层采用天然大理石、花岗石(或碎拼大理石、碎拼花岗石)板材,应在结合层上铺设。当板材有裂缝、掉角、翘曲和表面有缺陷时应予剔除,品种不同的板材不得混杂使用;在铺设前,应根据石材的颜色、花纹、图案、纹理等,按设计要求试拼编号。

大理石面层和花岗石面层(或碎拼大理石面层、碎拼花岗石面层)的允许偏差应符合表 9-16 规定。

大理石和花岗石面层要求和施工方法与砖面层基本相同,大理石和花岗石面层常设计有各种花纹、图案纹理或串边等装饰,施工前要认真预排,并绘制成图,编制施工加工单,根据加工单加工和铺贴面层,确保装饰效果,并最终达到如下结果:大理石、花岗石面层的表面洁净、平整、无磨痕,且图案清晰,色泽一致,接缝均匀,周边顺直,镶嵌正确,板块无裂纹、掉角、缺棱等缺陷。

9.3.3　木、竹面层

1.木、竹面层分类

木、竹面层的铺设方式通常有实铺式和架空式两种,如图 9-17 所示。

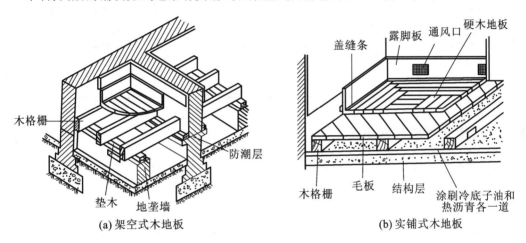

图 9-17　木地板铺贴形式

木、竹面层包括实木地板面层、实木集成地板面层、竹地板面层、实木复合地板面层、浸渍纸层压木质地板面层、软木类地板面层、地面辐射供暖的木板面层等(包括免刨、免漆类)。其中,实木地板面层、实木复合地板面层较常用。

2.一般规定

(1)木、竹地板面层下的木格栅、垫木、垫层地板等采用木材的树种、选材标准和铺设时木材含水率以及防腐、防蛀处理等,均应符合国家相应现行标准的规定。所选用的材料应符合设计要求。

(2)用于固定的金属零部件应采用不锈蚀或经过防锈处理的金属件。

(3)与厕浴间、厨房等潮湿场所相邻的木、竹面层的连接处应作防水(防潮)处理。

(4)木、竹面层铺设在水泥类基层上,其基层表面应坚硬、平整、洁净、不起砂,表面含水率不应大于 8%。

(5)建筑地面工程的木、竹面层格栅下架空结构层(或构造层)的质量检验应符合国家相应现行标准的规定。

(6)木、竹面层的通风构造层包括室内通风沟、地面通风孔、室外通风窗等,均应符合设计要求。

(7)木、竹面层的允许偏差和检验方法应符合表 9-17 的规定。

表 9-17　木、竹面层的允许偏差和检验方法

项次	项　目	允许偏差/mm				检验方法
		实木地板、实木集成地板、竹地板面层			浸渍纸层压木质地板、实木复合地板、软木类地板面层	
		松木地板	硬木地板、竹地板	拼花地板		
1	板面缝隙宽度	1.0	0.5	0.2	0.5	用钢尺检查
2	表面平整度	3.0	2.0	2.0	2.0	用 2 m 靠尺和楔形塞尺检查
3	踢脚线上口平齐	3.0	3.0	3.0	3.0	拉 5 m 线和用钢尺检查
4	板面拼缝平直	3.0	3.0	3.0	3.0	
5	相邻板材高差	0.5	0.5	0.5	0.5	用钢尺和楔形塞尺检查
6	踢脚线与面层的接缝	1.0				楔形塞尺检查

3. 实铺式木地板施工

实铺式木地板的铺设方式有两种：一种是找平层上直接通过槽榫连接直接拼铺面层木地板；另一种是先铺地垫（聚乙烯泡沫塑料薄膜或木地板专用防潮膜），然后将带有锁扣、卡槽的木地板拼接成一体。

实铺式木地板铺设简单，工期短，污染少，易于维修保养，对地面的平整度、干燥度要求较高。

1）工艺流程

工艺流程：基层处理→弹线、找平→试铺预排→铺垫层→铺地板→铺踢脚板→清洁。

2）施工要点

（1）基层处理。实铺式木地板对地面的平整度和干燥度要求较高，一般可采用水泥砂浆或自流平砂浆找平。

（2）试铺预排。确定铺设方案，铺装地板的走向通常与房间行走方向相一致，或根据用户要求自左向右或自右向左逐排依次铺装，凹槽向墙，地板与墙之间放入木楔，留足伸缩缝。计算最后一排板的宽度，如小于 50 mm 则应削减第一排的板块宽度，使二者均等。

（3）铺垫层。垫层为防潮泡沫塑料膜，可增加地板隔潮作用，改善地板的弹性、稳定性，并减少行走时地板产生的噪声，铺时横向搭接 150 mm。

（4）铺地板。按板块顺序进行拼接，安装时随铺随检查，随时进行调整，检查合格后才能施胶安装。一般铺在边上的 2～3 排施少量专用环保胶固定即可，其余中间部位完全靠槽榫啮合，不用施胶。在地板逐块铺设过程中，为使槽榫精确吻合，可用木方块顶住地板边，再用锤轻轻敲击。

（5）收口过桥安装。在房间、厅、堂之间接口连接处，地板必须切断，留足伸缩缝，用收口条、五金过桥衔接，门与地面应留足 3～5 mm 间距，以便房门能开闭自如。

4. 架空式木地板施工

架空式木地板是指木地板通过地垄墙或砖墩、木龙骨、塑料龙骨、铝合金龙骨等架空,在其上设木格栅(即龙骨),然后在木格栅上铺贴面层木地板。龙骨铺设法是最传统、最广泛的铺设地板的方法。

1) 工艺流程

龙骨铺设法铺设木地板施工工艺流程:弹好龙骨安装位置线及水平线→安装固定龙骨→找平、刨平→铺设木地板→安装踢脚板→清理、养护。

2) 施工要点

(1) 龙骨安装。

① 地面划线:根据地板铺设方向和长度,弹出龙骨铺设位置,每块地板至少搁在 3 条龙骨上,间距一般不大于 300 mm。

② 木龙骨固定:根据地面的实际情况决定电锤打眼位置和间距,注意不得损坏基层和预埋管线。铺钉完毕,检查木龙骨的水平度和垂直度。合格后,钉横向木撑或剪刀撑,中距一般为 600 mm。

(2) 地板铺设。

① 地板面层的铺设方式一般是错位铺设,从墙面一侧留出 8~10 mm 的缝隙后,铺设第一排木地板,地板凸角向外,以螺纹钉、铁钉将地板固定于木龙骨上,以后逐块排紧钉牢。

② 每块地板凡是接触木龙骨的部位,必须用气枪钉、螺纹钉或普通钉钉入,以 45°~60° 斜向钉入,钉子的长度不得短于 25 mm。

③ 为使地板平直均匀,应每铺 3~5 块地板,即拉一次平直线,检查地板是否平直,以便于及时调整。连结件和踢脚板的安装与悬浮法的相同。

5. 夹板龙骨铺设法铺设木地板

夹板龙骨铺设法是先铺好龙骨,然后在上边铺设毛地板,将毛地板与龙骨固定,再将地板铺设于毛地板之上。这种方法优点是防潮性好,脚感舒适,但是损耗较多的层高,相对于其他方法的成本也更高,如图 9-18 所示。

图 9-18　夹板龙骨铺设

夹板龙骨铺设法适合用于实木地板、实木复合地板、强化复合地板和软木地板等多种地板,在龙骨上铺一层毛地板,再以实铺式铺贴地板。

(1)夹板龙骨铺设法铺设木地板施工工艺流程:弹好龙骨安装位置线及水平线→安装固定龙骨→铺设毛地板→找平、刨平→铺设实木地板→安装踢脚板→清理、养护。

(2)施工要点:在龙骨铺设法的基础上增加一层毛地板。

毛地板应与龙骨成30°或45°铺装,相邻板块间接缝应错开。毛地板与墙体建筑构件之间应留8～12 mm间隙。每块毛地板与其下的每根格栅上各用两枚钉固定。为防止潮气侵蚀,可在毛地板上干铺一层沥青油毡或防潮膜。毛地板表面水平度与平整度达到控制要求后方能铺实木地板。

6. 实木地板和实木复合地板面层的质量要求

(1)实木地板面层采用的地板、铺设时的木材含水率、胶粘剂等应符合设计要求和国家现行有关标准的规定。

(2)实木地板面层应采用条材或块材或拼花,以空铺或实铺方式在基层上铺设。

(3)实木复合地板面层应采用空铺法或粘贴法(满粘或点粘)铺设。采用粘贴法铺设时,粘贴材料应按设计要求选用,并应具有耐老化、防水、防菌、无毒等性能。

(4)实木复合地板面层图案和颜色应符合设计要求,图案应清晰,颜色应一致,板面应无翘曲。

(5)铺设实木地板面层时,其木格栅的截面尺寸、间距和稳固方法等均应符合设计要求。木格栅固定时,不得损坏基层和预埋管线。木格栅应垫实钉牢,与柱、墙之间留出20 mm的缝隙,表面应平直,其间距不宜大于300 mm。

(6)木格栅安装应牢固、平直。木格栅、垫木和垫层地板等应作防腐、防蛀处理。

(7)实木地板面层应刨平、磨光,无明显刨痕和毛刺等现象;图案应清晰、颜色应均匀一致。

(8)实木地板面层铺设时,相邻板材接头位置应错开不小于300 mm的距离,与柱、墙之间应留8～12 mm的空隙。

(9)实木复合地板面层铺设时,相邻板材接头位置应错开不小于300 mm的距离,与柱、墙之间应留不小于10 mm的空隙。当面层采用无龙骨的空铺法铺设时,应在面层与柱、墙之间的空隙内加设金属弹簧卡或木楔子,其间距宜为200～300 mm。

(10)面层铺设应牢固,黏结应无空鼓、松动。

(11)面层缝隙应严密,接头位置应错开,表面应平整、洁净。

(12)面层采用粘、钉工艺时,接缝应对齐,粘、钉应严密,缝隙宽度应均匀一致;表面应洁净,无溢胶现象。

(13)采用实木制作的踢脚线,背面应抽槽并作防腐处理。

(14)踢脚线应表面光滑,接缝严密,高度一致。

(15)实木地板和实木复合地板面层的允许偏差应符合表9-17的规定。

9.4 顶棚工程施工

顶棚又称天棚、天花板,是室内装饰工程的一个重要组成部分。顶棚分为直接式顶棚和悬挂式顶棚,一般待上层楼板地面完工后,方做天棚抹灰。

9.4.1　直接式顶棚

直接式顶棚是指在楼板底面直接涂刷、抹灰或者粘贴装饰材料。按施工方法和装饰材料的不同,直接式顶棚可分为直接抹灰顶棚、直接喷(刷)顶棚和直接粘贴顶棚。

1. 直接抹灰顶棚施工

1) 工艺流程

直接抹灰顶棚施工工艺流程:交接检验→基层处理→找规矩→抹底层、中层灰→罩面层抹灰。

顶棚与墙面抹灰(指同一房间内)应分层交错进行,即顶棚底层灰→墙面底层灰→顶棚中层灰→墙面中层灰→顶棚面层灰→墙面面层灰。

2) 施工要点

(1)顶棚抹灰的基层处理。

① 补缝严实。大缝用强度等级不低于 C20 的细石混凝土嵌补;小缝一般用 1∶0.3∶3 水泥石灰砂浆或 1∶2 水泥砂浆分层补平实。

② 剔凸、补凹至平整。

③ 混凝土板面需喷刷至毛面。当混凝土板面较光滑,如果直接抹灰,砂浆黏结不牢,抹灰层易出现空鼓、裂缝等现象,故应在清理干净的混凝土表面用水灰比为 0.37~0.40 的水泥浆喷或刷一遍进行处理,方可抹灰。

④ 清洁。应扫净板底浮灰、砂浆、残渣,并洒水湿润。

(2) 找规矩。顶棚抹灰通常无须做标志块(贴饼)和标筋(冲筋)。用目测的方法控制其平整度,以无明显高低不平及接槎痕迹为度。先根据顶棚的水平面,确定抹灰的厚度,然后在墙面的四周与顶棚交接处弹出水平线,作为抹灰的水平标准,以控制顶棚抹灰层平整度。顶棚的抹灰层标高线必须从地面的标高控制线量起,不可从顶棚底向下量。

(3) 抹灰。抹灰的顺序一般是由前往后退,底层灰方向必须同混凝土板缝成垂直方向,这样容易使砂浆挤入缝隙与基底牢固结合。抹面层灰时,宜平行进光方向抹压。面层灰应平整、光滑,无抹印。

顶棚与墙面交接处抹灰,一般是在墙面抹灰完成后再补做,可在抹顶棚时,将距顶棚 200~300 mm 的墙面抹灰同时完成,用铁抹子在墙面与顶棚交角处填上砂浆,然后用阴角器扯平压直即可。

2. 直接喷(刷)顶棚施工

(1) 喷(刷)常在混凝土底板上进行,若为预制混凝土板,要扫净板底浮灰、砂浆等杂物,再用水泥砂浆将板的接缝抹平。若为现浇混凝土板底面,清除板底的模板填缝物,并用水泥砂浆填补孔洞。

(2) 板表面过于平滑时,在浆液中加适量的羧甲基纤维素、环保胶等,以增加黏结效果。

（3）喷（刷）浆由顶棚的一端开始，至另一端结束。要掌握好浆液的稠度，既要使板底均匀覆盖，又不产生流坠现象。

3. 直接粘贴顶棚施工

清理楼板底面，使其达到粘贴材料对基底的要求后，用黏结剂把装饰面层粘上，如粘贴面砖、石膏板、石膏条等。

图 9-19　石膏线条装饰

（1）粘贴前，应把墙面上的水平线翻到墙顶交接处（四周均弹水平线），校核顶棚的方正情况，阴阳角应找直，并按水平线将顶棚找平。

（2）墙与顶棚均贴面砖时，阴阳角须方正，墙与顶棚成 90°。排砖时，非整砖应留在同一方向，使墙顶砖缝交圈。镶贴时应先贴标志块，间距一般为 1.0 m，其他操作与墙面镶贴相同。

（3）石膏线条的安装方法有粘线法和钉线法。石膏线条装饰如图 9-19 所示。

以粘线法为例介绍石膏线条安装工艺：

① 根据装饰图案准备好材料，选择外观光滑、洁白、干燥的石膏线条，石膏线条应无变形、扭曲、破损；

② 基层清理，在石膏线条背面抹上用胶水调的石膏线专用快粘粉，线条按方案贴墙上墙角或顶棚后，要用力按压 2～3 min。

③ 快速将溢出的石膏线专用快粘粉清理干净，衔接部分用嵌缝石膏修补。

9.4.2　悬吊式顶棚（吊顶）

吊顶是采用悬吊方式将装饰顶棚支承于屋顶或楼板下面。按照施工工艺不同，吊顶又分暗龙骨吊顶和明龙骨吊顶。

1. 吊顶的构造组成

吊顶由支承、基层和面层三个部分组成，如图 9-20 所示。

（1）支承：由吊杆（吊筋）和主龙骨组成。

（2）基层：由次（副）龙骨组成。

（3）面层：如胶合板面层、纤维板面层、刨花板面层、板条抹灰面层、铝塑板面层、矿棉板面层、石膏板面层、金属装饰面层等。

2. 吊顶施工工艺

以轻金属龙骨（轻钢龙骨和铝合金龙骨）为例介绍吊顶施工工艺。

（1）交接验收。在正式安装轻钢龙骨吊顶之前，要对上一步工序进行交接验收，如结构

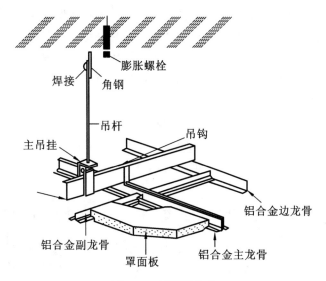

图 9-20 吊顶的构造

强度、设备位置、消防管线的铺设等。

（2）弹线定位。弹顶棚标高线时，先弹施工标高基准线，根据设计和工程实际要求，确定 500 mm 水平线，弹于四周墙壁上，以此线为基准，从下到上用尺子量出设计标高，在墙面和柱面上复核量出顶棚设计标高，沿墙四周弹出顶棚标高水平线，其水平线允许偏差不得大于 5 mm。如果顶棚有叠级造型者，其叠级标高应全部标出。在顶棚标高线上按主、次龙骨的间距规定标出主龙骨和次龙骨的位置线，以此为基点引至顶面上，弹出位置线。根据设计要求，在顶板主龙骨位置线上按吊点规定间距确定吊点的位置，并弹于顶板上。

（3）吊杆的制作与固定。轻金属龙骨的吊杆一般用 $\phi 6$ 或 $\phi 8$ 钢筋制作，以下是几种常用的吊杆固定的方法，如图 9-21 所示。

① 先在混凝土楼板内预埋铁件做吊环，再挂上吊杆。

② 用射钉将角铁等固定在楼板底面做吊环，再挂上吊杆。

③ 用金属膨胀螺栓固定铁件在楼板底面做吊环，再挂上吊杆。

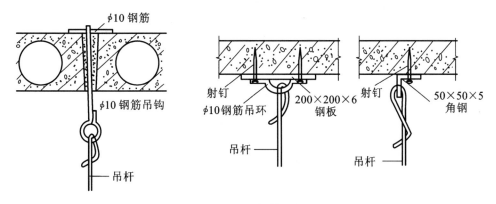

图 9-21 吊杆的固定

（4）安装龙骨。轻金属龙骨分为大（主）龙骨和小（次）龙骨，呈主次梁结构，如图 9-22 所示。

① 安装轻钢主龙骨。首先装配好吊杆螺母,在主龙骨上预先安装好吊挂件,将组装吊挂件的大龙骨,按弹线位置将吊杆穿入相应的螺母并拧好螺母。待全部主龙骨安装就位后,拉线进行调直调平、定位校正。主龙骨校正平直后,将吊杆上的调平螺母拧紧,主龙骨中间部分按具体设计起拱,一般起拱高度不得小于房间短向跨度的0.3%。高低叠级顶棚应先安装低跨部分。

② 安装轻钢次龙骨。主龙骨安装完毕并检查合格后,按已弹好的次龙骨位置线,卡放次龙骨吊挂件,按设计和饰面板尺寸要求确定的间距,用吊挂件将次龙骨固定在主龙骨上。次龙骨紧贴主龙骨安装,并与主龙骨扣牢,不得有松动及安装歪曲之处。

 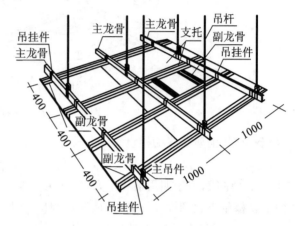

图 9-22 吊顶龙骨示意图

(5) 饰面板的安装。龙骨安装完毕,其平整度、牢固度和配件安装应经检查合格,顶棚内的各种安装(空调、消防、通信等)工程完毕后,再进行饰面板的安装。

① 木质吊顶的饰面板(罩面板)采用铺钉的方式安装,多采用人造板,应按设计要求切成方形、长方形等。板材安装前,按分块尺寸弹线,安装时由中央向四周呈对称排列,顶棚的接缝与墙面交圈应保持一致。面板应安装牢固,且不得出现折裂、翘曲、缺棱掉角和脱层的缺陷。

② 轻金属龙骨的饰面板(罩面板)安装方法如下。

a. 搁置法:将饰面板直接放在T型龙骨组成的格框内,用卡子固定。

b. 嵌入法:将饰面板预先加工出企口暗缝(槽),安装时将T型龙骨的两肢插入企口槽内。

c. 粘贴法:将饰面板直接用胶粘剂直接粘贴在龙骨上。

d. 钉固法:将饰面板直接用钉子、螺钉、自攻螺钉等固定在龙骨上。

e. 卡固法:多用于铝合金吊顶,板材与龙骨直接卡接固定。

③ 对应不同饰面板采用的安装方法如下。

a. 石膏饰面板:钉固法、粘贴法和暗式企口胶接法。石膏板之间应留出8~10 mm的安装缝,用塑料压缝条或铝压缝条嵌缝。

b. 钙塑泡沫板:钉固法和粘贴法。

c. 胶合板、纤维板:钉固法。

d. 矿棉板:搁置法、钉固法和粘贴法。

e. 金属饰面板:卡固法、搁置法和钉固法。

3. 吊顶工程安装注意事项

（1）安装龙骨前,应按设计要求对房间净高、洞口标高和吊顶内管道、设备及其支架的标高进行交接检验。安装饰面板前应完成吊顶内管道和设备的调试及验收。

（2）吊顶工程的木吊杆、木龙骨和木饰面板必须进行防火处理,并应符合有关设计防火规范的规定。

（3）吊顶工程中的预埋件、钢筋吊杆和型钢吊杆应进行防锈处理。

（4）吊杆距主龙骨端部距离不得大于 300 mm,当大于 300 mm 时,应增加吊杆。当吊杆长度大于 1.5 m 时,应设置反支撑。当吊杆与设备相遇时,应调整并增设吊杆。

（5）重型灯具、电扇及其他重型设备严禁安装在吊顶工程的龙骨上。

（6）金属龙骨的接缝应平整、吻合、颜色一致,不得有划伤、擦伤等表面缺陷。木质龙骨应平整、顺直,无劈裂。

（7）饰面材料的安装应稳固严密。饰面材料与龙骨的搭接宽度应大于龙骨受力面宽度的 2/3。

（8）龙骨和面板都是轻质材料,运输、存放和施工安装中须特别小心,轻拿轻放,避免损坏其表面和边角。

（9）龙骨网的尺寸要与饰面板的尺寸相互协调,还要考虑面板的花式、图案布置位置等。

（10）若有通风口、电灯槽等,应先预留位置,设备管线安装后,先装上周边饰面板,最后镶嵌风口、电罩等。

4. 吊顶工程质量要求

（1）吊顶标高、尺寸、起拱和造型应符合设计要求。

（2）所用材料材质、品种、规格、图案和颜色、构造、固定方法和位置等应符合设计要求。当饰面材料为玻璃板时,应使用安全玻璃或采取可靠的安全措施。

（3）吊顶工程的吊杆、龙骨和饰面材料的安装必须牢固。

（4）饰面板与龙骨应连接紧密,表面应洁净、色泽一致,不得有翘曲、裂缝及缺损。压条应平直、宽窄一致。

（5）饰面板上的灯具、烟感器、喷淋头、风口篦子等设备的位置应合理、美观,与饰面板的交接应吻合、严密。

（6）石膏板的接缝应按其施工工艺标准进行板缝防裂处理。安装双层石膏板时,面层板与基层板的接缝应错开,并不得在同一根龙骨上接缝。

5. 暗龙骨吊顶工程安装的允许偏差和检验方法

暗龙骨吊顶工程安装的允许偏差和检验方法应符合表 9-18 的规定。

表 9-18 暗龙骨吊顶工程安装的允许偏差和检验方法

项次	项 目	允许偏差/mm				检 验 方 法
		纸面石膏板	金属板	矿棉板	木板、塑料板、格栅	
1	表面平整度	3	2	2	3	用 2 m 靠尺和塞尺检查
2	接缝直线度	3	1.5	3	3	拉 5 m 线,不足 5 m 拉通线,用钢直尺检查
3	接缝高低差	1	1	1.5	1	用钢直尺和塞尺检查

6. 明龙骨吊顶工程安装的允许偏差和检验方法

明龙骨吊顶工程安装的允许偏差和检验方法应符合表 9-19 的规定。

表 9-19 明龙骨吊顶工程安装的允许偏差和检验方法

项次	项 目	允许偏差/mm				检 验 方 法
		石膏板	金属板	矿棉板	塑料板、玻璃板	
1	表面平整度	3	2	3	3	用 2 m 靠尺和塞尺检查
2	接缝直线度	3	2	3	3	拉 5 m 线,不足 5 m 拉通线,用钢直尺检查
3	接缝高低差	1	1	2	1	用钢直尺和塞尺检查

9.5 门 窗 工 程

9.5.1 木门窗安装

木门窗大多在工厂内制作,作为成品供应,施工现场一般是安装木门窗框、门窗扇、玻璃及纱扇。门窗框常采用后塞口施工,即结构施工时预留洞口,然后把门窗框塞进洞内进行安装的方法。也可采用边安装边砌口的方法施工。

1. 工艺流程

后塞口施工工艺流程:定位→预埋木砖→木门窗进场检验→门窗框安装固定→门窗扇和玻璃安装→油漆。

2. 施工要点

(1)安装前注意事项。

① 木门窗与砖石砌体、混凝土或抹灰层接触处应进行防腐处理并应设置防潮层,埋入砌体或混凝土中的木砖应进行防腐处理,如图 9-23 所示。

② 按设计图纸检查核对木门窗的品种、类型、规格尺寸,门扇开启方向,按图纸对号分发到位。

③ 安门窗框前,要用对角线相等的方法复核其方正程度。

④ 根据设计要求,考虑饰面层的厚度及与门窗框的关系、确定安装位置,检查预留洞口的尺寸,确保不让饰面层盖住门窗框。

⑤ 木门窗框的安装必须牢固。预埋木砖的防腐处理,木门窗框固定点的数量、位置及固定方法应符合设计要求。若无明确要求,应

图 9-23　木门窗框刷防腐涂料

满足如下规定:1.2 m 高的洞口,每边预埋两块木砖;1.2～2 m 高的洞口,每边预埋三块木砖;2～3 m 高的洞口,每边预埋四块木砖。

(2) 门窗框安装宜在地面工程和墙面抹灰施工前完成。

(3) 应从顶层用大线坠吊垂直,检查窗口位置的准确性,在墙上弹出安装位置线。同层门窗上口还要通线控制相互对齐,用木楔临时固定,再用钉子固定在预埋木砖上。

(4) 门窗扇安装应在室内墙、地、顶装修基本完成后进行。逐个丈量门窗内口尺寸,将门窗扇周边尺寸修整到符合要求后,画合页线,剔凿出合页槽,然后上合页,安装门窗扇。

(5) 玻璃安装。在玻璃底面与门窗裁口间抹底部油灰,接着摊铺平正、轻压玻璃,使部分底部油灰挤出槽口,目的是让底部油灰饱满。底部油灰初凝后,将其刮平,用小圆钉每隔 200 mm 沿玻璃四周固定玻璃,最后抹表面油灰即可。

(6) 清理。门窗安装完毕后,将门窗及玻璃清理干净。

3．木门窗安装的质量验收

(1) 建筑外门窗的安装必须牢固。在砌体上安装门窗严禁用射钉固定。

(2) 木门窗的品种、类型、规格、开启方向、安装位置及连接方式应符合设计要求。

(3) 木门窗扇必须安装牢固,并应开关灵活,关闭严密,无倒翘。

(4) 木门窗与墙体间缝隙的填嵌材料应符合设计要求,填嵌应饱满。寒冷地区外门窗(或门窗框)与砌体间的空隙应填充保温材料。

(5) 玻璃的品种、规格、尺寸、色彩、图案和涂膜朝向应符合设计要求。单块玻璃面积大于 1.5 m² 时应使用安全玻璃。

(6) 门窗玻璃裁割尺寸应正确,玻璃的安装方法应符合设计要求。固定玻璃的钉子或钢丝卡的数量、规格应符合要求,并应保证玻璃安装牢固。安装后的玻璃不得有裂纹、损伤和松动。

4．木门窗安装的留缝限值、允许偏差和检验方法

木门窗安装的留缝限值、允许偏差和检验方法应符合表 9-20 的规定。

表 9-20 木门窗安装的留缝限值、允许偏差和检验方法

项次	项 目		留缝限值/mm		允许偏差/mm		检 验 方 法
			普通	高级	普通	高级	
1	门窗槽口对角线长度差		—	—	3	2	用钢尺检查
2	门窗框的下、侧面垂直度		—	—	2	1	用 1 m 垂直检测尺检查
3	框与扇、扇与扇接缝高低差		—	—	2	1	用钢直尺和塞尺检查
4	门窗扇对口缝		1～2.5	1.5～2	—	—	
5	工业厂房双扇大门对口缝		2～5	—	—	—	
6	门窗扇与上框间留缝		1～2	1～1.5	—	—	
7	门窗扇与侧框间留缝		1～2.5	1～1.5	—	—	用塞尺检查
8	窗扇与下框间留缝		2～3	2～2.5	—	—	
9	门扇与下框间留缝		3～5	3～4	—	—	
10	双层门窗内外框间距		—	—	4	3	用钢尺检查
11	无下框时门扇与地面间留缝	外门	4～7	5～6	—	—	用塞尺检查
		内门	5～8	6～7	—	—	
		卫生间门	8～12	8～10	—	—	
		厂房大门	10～20	—	—	—	

9.5.2 金属门窗安装

金属门窗安装应采用预留洞口的方法施工，不得采用边安装边砌口或先安装后砌口的方法施工。

1. 钢门窗安装

1）工艺流程

钢门窗安装工艺流程：划好门窗安装位置及标高→运门窗框扇→立钢门窗→木楔临时固定→按水平线复核安装标高，按中线复核安装位置→焊接固定→堵洞→养护装五金配件→装玻璃→刷油漆。

2）施工要点

（1）钢门窗是成品供应，制作时将框和扇连成一体，进场时按照设计要求，核对品种、规格、尺寸、开启方向及所带的五金配件是否齐全。凡有翘曲、变形者，经调直修复后方可安装。

（2）钢门窗采用后塞口安装，可在洞口四周墙体预留孔埋设铁脚连接件固定，或在结构内预埋铁件，安装时将铁脚焊在预埋件上。铁脚尺寸及间隙按设计要求留设，但每边不得少于 2 个，铁脚离端角距离约 180 mm。

（3）砌墙时洞口应比钢门窗框每边大 15～30 mm（以饰面层不盖住门窗框为准），作为

嵌填砂浆的留量。其中,清水砖墙不小于 15 mm;水泥砂浆抹面混水墙不小于 20 mm;水刷石墙不小于 25 mm;贴面砖或板材墙不小于 30 mm。

(4) 安装前要先核对门窗洞口的位置、标高、尺寸,若不符合图纸要求应及时整改。在最顶层找出外门窗口边线,用经纬仪或大线坠将门窗边线下引做好标记,对特别不直、有位移的洞口应提早处置,但不得影响结构。门窗口的水平位置应以楼层+100 cm 线为准,量出门窗上下皮标高,弹线找直。每一层必须保持窗台标高一致(设计另有要求的除外)。

(5) 钢门窗制作时将框与扇连成一体,安装时用木楔临时固定。然后用线锤和水准尺校正垂直度与水平度,做到横平竖直,成排门窗应上下、高低一致,进出一致。

(6) 钢门窗就位后用木楔临时固定,校正其位置、垂直度和水平度后,将铁脚与预埋件焊接或埋入预留洞内,用 1:2 水泥砂浆或细石混凝土将洞口缝隙填实。养护 3d 后拔出木楔,填充水泥砂浆,填补洞口周边的抹面。

(7) 玻璃安装。清理槽口,在槽口内底部抹油灰,接着用双手将玻璃揉平放正、挤出油灰。底部油灰初凝后,将油灰与玻璃及槽口接触的边缘刮平、刮齐,用钢丝卡每隔 300 mm 且每边不少于 2 个,沿玻璃四周固定玻璃,最后填实抹光表面油灰即可,要求卡脚不露出油灰表面。

(8) 钢门窗油漆应在安装前刷好防锈漆和头道调和漆,安装后再刷两道调和漆。门窗五金应待油漆干后安装;如需先行安装时,应注意防止其污染、丢失和损坏。

(9) 清理。门窗安装完毕后,将门窗及玻璃清理干净。

2. 铝合金门窗安装

1) 工艺流程

铝合金门窗安装工艺流程:定位→防腐处理→铝合金门窗安装就位→铝合金门窗框的固定→门窗框与墙体间隙处理→门窗扇及门窗玻璃的安装→安装五金件→清理。

2) 施工要点

(1) 弹线、定位。

① 在最顶层找出外门窗口边线,用经纬仪或大线坠将门窗边线下引做好标记,对特别不直、有位移的洞口应提早处置,但不得影响结构,门窗口的水平位置应以楼层+100 cm 线为准,量出门窗上下皮标高,弹线找直。每一层必须保持窗台标高一致(设计另有要求的除外)。

② 根据外墙大样图及窗台板宽度,确定铝合金门窗在墙厚方向的安装位置,原则上以同一房间窗台板外露尺寸一致为准。

(2) 副框的固定。混凝土墙体,副框与墙体采用射钉固定;后砌隔墙,副框与墙体采用固定件连接,固定件大小为 200 mm×20 mm×1.5 mm,该固定件为不镀锌条,固定件距副框两边 150 mm,中间间距小于等于 600 mm。

(3) 门窗框的固定及边缝处理。根据划好的门窗定位线安装铝合金门窗框,并及时调整好门窗框的水平度、垂直度及对角线长度等符合质量标准,然后用木楔临时固定。

① 有钢副框的,门窗框与副框之间采用自攻螺丝连接,副框与墙体间用水泥砂浆收口找平。框安装完成后,用密封胶填缝严密、平顺、平直。

② 无副框的,门窗框与洞口采用射钉固定,每边不少于 2 点,并确保牢固。窗框与墙体之间缝隙用矿棉条填塞,采用砂浆收口找平。收口砂浆应距铝合金框 3~5 mm 宽、5~8 mm 深槽口填密封膏。

（4）防腐处理。

① 门窗框四周外表的防腐处理按设计要求处理，若设计没有要求时，可涂刷防腐涂料或粘贴塑料薄膜进行保护，以避免水泥砂浆直接与铝合金门窗表面接触，产生电化学反应，腐蚀铝合金门窗。

② 安装铝合金门窗框时，如果采用连接铁件固定，则连接铁件、固定件等安装用金属零件最好用不锈钢件，否则必须进行防腐处理。

（5）铝合金门窗的固定。

① 建筑外门窗的安装必须牢固。在砌体上安装门窗及连接件严禁用射钉固定。

② 当墙体上有铁件时，可直接把铝合金门窗的铁脚直接与墙体上的预埋铁件焊牢，焊接处需作防锈处理。

③ 当墙体上没有预埋铁件时，可用膨胀螺栓将铝合金门窗的铁脚固定到墙上。

（6）铝合金门窗框与墙体间缝隙处理。按设计要求及时处理门窗框与墙体缝隙，达到弹性连接的规范要求以及密闭和防水的目的。设计无规定时，应采用矿棉或玻璃棉毡等软质材料分层填塞缝隙，外表面留 5～8 mm 深槽口，槽内填嵌缝油膏或防水密封胶等。密封胶表面应光滑、顺直、无裂纹。

（7）铝合金门窗扇及门窗玻璃的安装。

① 门窗扇和门窗玻璃应在洞口墙体表面装饰完工验收后安装。

② 玻璃的裁割，根据门、窗扇（固定扇则为框）的尺寸来计算下料尺寸，但必须符合相应规范要求。

③ 玻璃就位：当单块玻璃尺寸较小时，可用双手夹住就位；如果单块玻璃尺寸较大，为便于操作，采用玻璃吸盘。

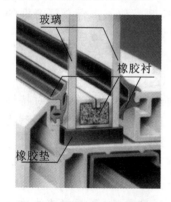

图 9-24 铝合金窗玻璃安装

④ 玻璃密封与固定：玻璃就位后，用橡胶条嵌入凹槽挤紧玻璃，然后在胶条上面注入硅酮密封胶。玻璃放在凹槽的中间，内外两侧的间隙大于等于 2 mm。玻璃的下部不得直接坐落在金属上，采用 3 mm 的路丁橡胶垫块将玻璃垫起，如图 9-24所示。

（8）铝合金门窗纱扇的制作。

① 截纱要比实际尺寸每边各长 50 mm，以利于压纱。

② 先将纱平铺入纱扇框，将上压条压好、压实，螺钉拧紧，接着将纱拉平、绷紧、装下压条，拧紧螺钉，然后再装两侧压条，用螺钉固定，将多余的纱用扁铲割掉，要切割干净，不留纱头。

（9）选准匹配的五金配件后，用镀锌螺钉与门窗连接，安装五金配件应齐全牢固，使用灵活。

（10）清理。门窗安装完毕，在门窗交工前，将表面的塑料胶纸撕掉，并将门窗及玻璃浮灰或其他杂物清理干净。

3. 金属门窗安装质量要求

（1）建筑外门窗的安装必须牢固。在砌体上安装门窗严禁用射钉固定。

（2）金属门窗的品种、类型、规格、尺寸、性能、开启方向、安装位置、连接方式及铝合金门窗的型材壁厚应符合设计要求。金属门窗的防腐处理及填嵌、密封处理应符合设计要求。

（3）金属门窗框和副框的安装必须牢固。预埋件的数量、位置、埋设方式、与框的连接方式必须符合设计要求。

（4）金属门窗扇必须安装牢固，并应开关灵活、关闭严密，无倒翘。推拉门窗必须有防脱落措施。铝合金门窗推拉门窗扇开关力不应大于 100 N。

（5）金属门窗表面应洁净、平整、光滑、色泽一致，无锈蚀。大面应无划痕、碰伤。漆膜或保护层应连续。

（6）金属门窗框与墙体之间的缝隙应填嵌饱满，并采用密封胶密封。密封胶表面应光滑、顺直，无裂纹。

（7）金属门窗扇的橡胶密封条或毛毡密封条应安装完好，不得脱槽。

（8）有排水孔的金属门窗，排水孔应畅通，其位置和数量应符合设计要求。

（9）玻璃的品种、规格、尺寸、色彩、图案和涂膜朝向应符合设计要求。单块玻璃面积大于 1.5 m^2 时应使用安全玻璃。

（10）门窗玻璃裁割尺寸应正确。安装后的玻璃应牢固，不得有裂纹、损伤和松动。

（11）密封条与玻璃、玻璃槽口的接触应紧密、平整。密封胶与玻璃、玻璃槽口的边缘应黏结牢固、接缝平齐。

（12）门窗玻璃不应直接接触型材。单面镀膜玻璃的镀膜层及磨砂玻璃的磨砂面应朝向室内。中空玻璃的单面镀膜玻璃应在最外层，镀膜层应朝向室内。

4. 钢门窗安装的留缝限值、允许偏差和检验方法

钢门窗安装的留缝限值、允许偏差和检验方法应符合表 9-21 的规定。

表 9-21　钢门窗安装的留缝限值、允许偏差和检验方法

项次	项　　目		留缝限值/mm	允许偏差/mm	检 验 方 法
1	门窗槽口宽度、高度	≤1500 mm	—	2.5	用钢尺检查
		>1500 mm	—	3.5	
2	门窗槽口对角线长度差	≤2000 mm	—	5	用钢尺检查
		>2000 mm	—	6	
3	门窗框的正、侧面垂直度		—	3	用 1 m 垂直检测尺检查
4	门窗横框的水平度		—	3	用 1 m 水平尺和塞尺检查
5	门窗横框标高		—	5	用钢尺检查
6	门窗竖向偏离中心		—	4	用钢尺检查
7	双层门窗内外框间距		—	5	用钢尺检查
8	门窗框、扇配合间隙		2	—	用塞尺检查
9	无下框时门扇与地面间留缝		4～8	—	用塞尺检查

5. 铝合金门窗安装的允许偏差和检验方法

铝合金门窗安装的允许偏差和检验方法应符合表 9-22 的规定。

表 9-22　铝合金门窗安装的允许偏差和检验方法

项次	项　　目		允许偏差/mm	检验方法
1	门窗槽口宽度、高度	≤1500 mm	1.5	用钢尺检查
		>1500 mm	2	
2	门窗槽口对角线长度差	≤2000 mm	3	用钢尺检查
		>2000 mm	4	
3	门窗框的正、侧面垂直度		2.5	用垂直检测尺检查
4	门窗横框的水平度		2	用 1 m 水平尺和塞尺检查
5	门窗横框标高		5	用钢尺检查
6	门窗竖向偏离中心		5	用钢尺检查
7	双层门窗内外框间距		4	用钢尺检查
8	推拉门窗扇与框搭接量		1.5	用钢直尺检查

9.5.3　塑料门窗安装

1. 工艺流程

塑料门窗安装工艺流程:定位→门窗洞口处理→弹线→安装连接件→塑料门窗安装→门窗框与墙体间隙处理→安装五金件→清理。

2. 施工要点

(1)校核已留置的门窗洞口尺寸及标高是否符合设计要求,有问题的应及时修正。

(2)先将各楼层门窗洞口中线弹出,上下中线对正,然后将窗框中心线位置做好标志,并且找好标高控制线。

(3)在门窗与墙接触的边框上安装固定片。

① 检查门窗框的尺寸及内外朝向,确认无误后,安装固定片,先用钻头钻孔,然后拧入自攻螺钉。严禁用铁锤或硬物敲打,防止损坏框料。

② 固定片的位置应距门窗角、中竖框、中横框 150～200 mm,固定片之间的间距不应大于 600 mm。

(4)塑料门窗的安装固定。将门窗框中心线对准洞口中心线后,用木楔临时固定,然后调整正、侧面垂直度、平整度及对角线。经检验合格后,用膨胀螺栓、射钉等方法将固定件与墙体固定牢固。当洞口为砖砌体时,不得采用射钉固定。图 9-25 所示为塑料门窗框安装。

(5)门窗框与墙体固定好后,即可进行玻璃安装。

(6)门窗框与墙体之间的缝隙应采用闭孔泡沫塑料、发泡聚苯乙烯等弹性材料填塞,随后去掉临时固定的木楔,其空隙用相同的材料填塞,然后表面用厚度为 5～8 mm 的密封胶封闭。

（7）安装门窗附件。五金配件安装要牢固、准确、使用灵活。安装时先用电钻钻孔，再用自攻螺钉拧入，严禁将螺钉用锤子直接打入。

（8）清理。门窗安装完毕后，将门窗及玻璃清理干净。

3. 塑料门窗安装质量要求

（1）建筑外门窗的安装必须牢固。在砌体上安装门窗严禁用射钉固定。

（2）塑料门窗的品种、类型、规格、尺寸、开启方向、安装位置、连接方式及填嵌密封处理应符合设计要求，内衬增强型钢的壁厚及设置应符合国家现行产品标准的质量要求。

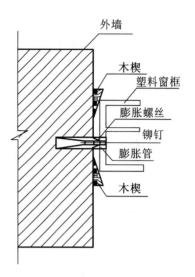

图 9-25　塑料门窗框安装

（3）塑料门窗框、副框和扇的安装必须牢固。固定片或膨胀螺栓的数量与位置应正确，连接方式应符合设计要求。固定点应距窗角、中横框、中竖框 150～200 mm，固定点间距不应大于 600 mm。

（4）塑料门窗拼樘料内衬增加型钢的规格、壁厚必须符合设计要求，型钢应与型材内腔紧密吻合，其两端必须与洞口固定牢固。窗框必须与拼樘料连接紧密，固定点间距不应大于 600 mm。

（5）塑料门窗扇应开关灵活、关闭严密，无倒翘。推拉门窗扇必须有防脱落措施。

（6）塑料门窗配件的型号、规格、数量应符合设计要求，安装应牢固，位置应正确，功能应满足使用要求。

（7）塑料门窗框与墙体间缝隙应采用闭孔弹性材料填嵌饱满，表面应采用密封胶密封。密封胶应黏结牢固，表面应光滑、顺直、无裂纹。

（8）塑料门窗表面应洁净、平整、光滑，大面应无划痕、碰伤。

（9）塑料门窗扇的密封条不得脱槽。旋转窗间隙应基本均匀。

（10）塑料门窗扇的开关力应符合如下规定：平开门窗扇平铰链的开关力不应大于 80 N；滑撑铰链的开关力不应大于 80 N，并不小于 30 N；推拉门窗扇的开关力应不大于 100 N。

（11）玻璃的品种、规格、尺寸、色彩、图案和涂膜朝向应符合设计要求。单块玻璃面积大于 1.5 m² 时应使用安全玻璃。

（12）门窗玻璃裁割尺寸应正确。安装后的玻璃应牢固，不得有裂纹、损伤和松动。

（13）玻璃密封条与玻璃槽口的接缝应平整，不得卷边、脱槽。

（14）排水孔应畅通，其位置和数量应符合设计要求。

4. 塑料门窗安装的允许偏差和检验方法

塑料门窗安装的允许偏差和检验方法应符合表 9-23 的规定。

表 9-23　塑料门窗安装的允许偏差和检验方法

项次	项　目		允许偏差/mm	检　验　方　法
1	门窗槽口宽度、高度	≤1500 mm	2	用钢尺检查
		>1500 mm	3	
2	门窗槽口对角线长度差	≤2000 mm	3	用钢尺检查
		>2000 mm	5	
3	门窗框的正、侧面垂直度		3	用 1 m 垂直检测尺检查
4	门窗横框的水平度		3	用 1 m 水平尺和塞尺检查
5	门窗横框标高		5	用钢尺检查
6	门窗竖向偏离中心		5	用钢直尺检查
7	双层门窗内外框间距		4	用钢尺检查
8	同樘平开门窗相邻扇高度差		2	用钢尺检查
9	平开门窗铰链部位配合间隙		+2；-1	用塞尺检查
10	推拉门窗扇与框搭接量		+1.5；-2.5	用钢尺检查
11	推拉门窗扇与竖框平等度		2	用 1 m 水平尺和塞尺检查

第 10 章　墙体保温工程

建筑领域是能耗大户,其能耗约占国民经济总能耗的 30%,建筑节能技术已成为当今世界建筑技术发展的重点之一。建筑节能主要是建筑围护结构节能。如何提高建筑围护结构保温性能、减少其传热损失和空气渗透热损失,是当今建筑设计和施工的重要课题。

建筑围护结构通常包括外墙、窗户、屋面、楼梯间、阳台门、户门、地面等。建筑围护结构热损耗较大,采暖居住建筑物耗热量的 75% 左右通过围护结构散失,其中,外墙热损耗最大。提高外墙保温性能是建筑节能的关键环节。

外墙是建筑物的重要组成部分:一要满足结构要求（如:承重、抗剪等),需要外墙材料具有较高的结构强度;二要满足保温要求,又需要外墙材料具有较低的导热系数。

10.1　外墙保温系统

10.1.1　外墙保温系统概述

1. 外墙保温系统的构造

外墙保温系统按保温层的位置,分为外墙内保温系统和外墙外保温系统两大类。其基本构造做法如图 10-1 所示。

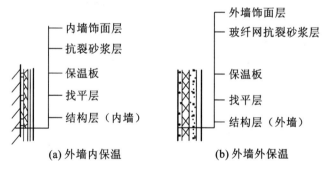

(a)外墙内保温　　　　　(b)外墙外保温

图 10-1　外墙保温系统基本构造

保温外墙的基本构造如下:
(1)结构层,即承重（或非承重)墙体;
(2)保温层,由一定厚度的保温材料构成;
(3)防护层,覆盖于保温层表面,有抗裂功能;
(4)装饰层,通常为弹性涂料。

2. 外墙保温系统的特点

复合保温外墙在做法上一般分为外墙内保温和外墙外保温。

内保温是把保温层做在结构层内侧,外保温则把保温层做在结构层外侧,即直接与大气环境相接触。我国的外墙内保温做法起步较早,大致有以下三种做法:第一种是将预制的保温板粘贴于外墙内表面,然后进行拼接和面层处理,但预制保温板拼缝处易出现裂缝;第二种是在外墙内表面直接粘贴保温材料,然后进行面层抹灰,这种做法湿作业量大,但不易出现裂缝;第三种则是在外墙内表面直接抹保温浆料,形成满足节能要求的保温层。

与外墙内保温相比,外墙外保温主要有以下优点。

(1) 外保温提高了外墙的保温隔热效果,提高了住宅舒适度。采用同样厚度的保温材料时,外保温比内保温减少热损失约1/5。在冬季,外墙内表面不会出现结露或发霉,在夏天,外保温层可减少阳光直射和室外高温对室内的影响,使外墙内表面温度和室内温度得以降低。

(2) 外保温可使结构墙体得到有效保护。外保温可使结构墙体内外温度变化趋平缓,大大减少了温差应力造成的墙体开裂和破损,提高了建筑物的使用寿命。

(3) 外保温可增加室内使用面积。内保温做法使室内墙面难以吊挂物件,也给室内精装修带来一定困难,而外保温做法则不会出现这些问题,综合效益较好。

(4) 外保温既适用于新建节能建筑,也适用于既有建筑的节能改造。采用外保温做法,基本不影响住户的正常生活,也不会减少室内使用面积。

目前比较成熟的外墙外保温技术主要有聚苯乙烯泡沫板薄抹灰外墙外保温系统、胶粉聚苯颗粒保温浆料外墙外保温系统、聚苯板现浇混凝土外墙外保温系统、聚苯钢丝网现浇混凝土外墙外保温系统等。

本章重点介绍外墙外保温系统。

10.1.2 增强石膏复合聚苯保温板外墙内保温施工

增强石膏复合聚苯保温板外墙内保温施工是将工厂预制的增强石膏聚苯复合保温板粘贴拼接于外墙结构层的内表面,并形成空气间层,然后进行面层处理。该保温板由聚苯乙烯泡沫塑料板(以下简称为聚苯板)与中碱玻璃纤维涂塑网格布、建筑石膏及膨胀珍珠岩复合而成。此外,还有增强水泥聚苯保温板,它是由聚苯乙烯泡沫塑料板与耐碱玻璃纤维涂塑网格布及低碱水泥复合而成,其施工工艺与增强石膏聚苯保温板的内保温做法相近。增强石膏复合聚苯保温板外墙内保温的构造如图 10-2 所示。

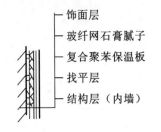

图 10-2 复合聚苯保温板外墙内保温

1. 材料准备

(1) 增强石膏聚苯复合板。

(2) 胶粘剂:①石膏类胶粘剂(用于保温板与墙体连接);②聚合物砂浆型胶粘剂(用于粘贴防水保温踢脚板和抹门窗口护角);③中碱玻纤网格布(涂塑);④嵌缝腻子(用于板缝处理);⑤石膏腻子(用于满刮墙面)。

(3) 建筑石膏粉及石膏腻子(可掺加不大于20%用量的硅酸盐水泥)。

图中标注:
- 饰面层
- 玻纤网石膏腻子
- 复合聚苯保温板
- 找平层
- 结构层(内墙)

（4）玻纤网格布条。

2. 施工主要机具

主要机具包括木工手锯、木工手刨、钢丝刷、2 m 靠尺、开刀、2 m 托线板、钢尺、橡皮锤、钻、扁铲、撬棍、木楔、开刀木桶、笤帚等。

3. 作业条件

（1）结构已验收,屋面防水层已施工完毕。

（2）墙面弹出 500 mm 标高线。

（3）内隔墙、外墙、门窗框、窗台板安装完毕。

（4）门、窗抹灰完毕。

（5）水暖及装饰工程分别需用的管卡、炉钩、窗帘杆等埋件留出位置或埋设完毕。

（6）电气工程的暗管线、接线盒等埋设完毕,并完成暗管线的穿带线工作。

（7）环境温度不低于 5 ℃。

（8）正式安装前,先试安装样板墙一道,经检验合格后再正式安装。

4. 施工工艺

1）工艺流程

增强石膏聚苯板外墙内保温施工工艺流程:墙面清理→排板、弹线→配板、修补→标出管卡、炉钩等埋件位置 →墙面贴饼→安装接线盒、安管卡、埋件等→安装防水保温踢脚板复合板→安装复合板→板缝及阴、阳角处理→板面装修。

2）施工要点

增强石膏聚苯板外墙内保温施工要点如下。

（1）凡凸出墙面超过 20mm 的砂浆、混凝土块必须剔除,并扫净墙面。

（2）根据开间、进深尺寸及保温板实际规格预排保温板。排板应从门窗口开始,非整板留在阴角,弹出保温板位置线。

（3）粘贴、安装保温板:在墙体内侧用 1∶3 水泥砂浆做 20 mm 厚找平层,保温板侧面和上端满刮胶粘剂,将保温板粘贴上墙,揉挤安装就位,与主墙体粘牢,并随时用 2 m 托线板检查,用橡皮锤将其找正,板顶留 5 mm 缝,用木楔子临时固定。粘贴后的保温板整体墙面必须垂直平整,板缝挤出的胶粘剂应随时刮平。

（4）板缝以及门窗口的板侧,均应用胶粘剂嵌填或封堵密实。

（5）保温墙上贴玻纤布:粘贴前清除保温板面的浮灰及残留胶粘剂。在两板拼缝处刮嵌缝腻子一道,贴 50 mm 宽玻纤布条一层,压实、粘牢,表面再用嵌缝腻子刮平。墙面阴角和门窗口阳角处加贴 200 mm 宽玻纤布一层（角两侧各 100 mm）。为确保内墙面的抗裂性,也可采用在内墙面满贴一层玻纤布的做法,横向铺贴,搭接宽度不小于 100 mm。

（6）待玻纤布黏结层干燥后,墙面满刮 3 mm 石膏腻子,分 2～3 遍刮平,与玻纤布一起组成保温墙的面层,最后按设计要求做内饰面层。

5. 应注意的质量问题

（1）未经烘干的湿板不得使用,以防止板出现裂缝和变形。

（2）注意增强石膏聚苯复合板的运输和保管,要防止板受潮、变形,若板出现无法修补的过大孔洞、断裂或严重的裂缝、破损,严禁使用。

(3) 水电专业必须与保温板施工密切配合,各种管线和设备的埋件必须固定于结构墙内,孔洞位置应留准确。电气接线盒等埋设深度应与保温层厚度一致。

10.1.3　聚苯板薄抹灰外墙外保温系统施工

聚苯板薄抹灰外墙外保温系统施工是把聚苯板直接粘贴在建筑物的外墙外表面上,形成保温层,用耐碱玻璃纤维网格布增强聚合物砂浆覆盖聚苯板表面,形成防护层,然后进行饰面处理。聚苯板薄抹灰外墙外保温系统的构造如图 10-3 所示。

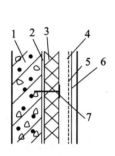
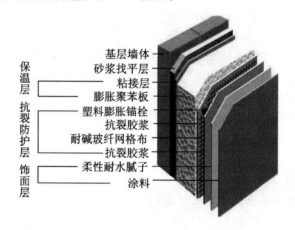

图 10-3　聚苯板薄抹灰外墙外保温
1—结构层;2—胶粘剂;3—聚苯板;4—玻璃纤维网格布;5—薄抹面层;6—饰面;7—锚栓

1. 施工准备

1) 材料的准备及要求

(1) 聚苯板规格及性能见表 10-1、表 10-2。

表 10-1　聚苯板规格

项目	厚度/mm	宽度/mm	长度/mm	边肋/mm	聚苯板厚度/mm	面层厚度/mm
条板	60	595	2400～2700	≤20	≥40	10

表 10-2　聚苯板性能指标

项　　目	单　　位	增强水泥聚苯板	增强石膏聚苯板
面密度	kg/m²	≤40	≤30
含水率	%	≤5	≤5
当量热阻	m²·K/W	≥0.85	≥0.85
抗弯荷载	N	≥1.8 G	≥1.8 G
燃烧性能	级	B_1	B_1
抗冲击性	次	垂直冲击 10 次,背面无裂纹(砂袋重 10 kg,落距 500 mm)	

（2）玻璃纤维网格布技术要求见表 10-3。

表 10-3 耐碱（中碱）玻璃纤维网格布技术要求

网眼规格 /mm	幅度 /mm	涂覆量 /%	每米重量 /(g/m)	耐碱度 /(ZrO₃ 含量，%)	断裂强力 /（径向，N/50 mm）
10×10 5×5	580	≥8	≥80	≥14.5	≥900

注：对中碱玻纤的耐碱度不作要求。

（3）面层料浆性能要求见表 10-4。

表 10-4 面层料浆性能要求

项 目	干密度/(kg/m²)	导热系数/[W/(m·K)]	收缩率/(%)	抗压强度/MPa
石膏类	≤1150	≤0.45	≤0.08	≥7

2）施工主要机具

主要机具包括电动搅拌器、电锤（冲击钻）、电动打磨器（砂纸）、壁纸刀、自动（手动）螺丝刀、剪刀、钢丝刷、扫帚、棕刷、开刀、墨斗、抹子、压子、阴阳角抿子、托线板、2 m 靠尺等。

3）基层的要求

（1）基层表面应光滑、坚固、干燥、无污染或不存在其他有害的材料。

（2）墙外的消防梯、水落管、防盗窗预埋件或其他预埋件、进口管线或其他预留洞口，应按设计图纸或施工验收规范要求提前施工并验收。

（3）墙面应进行墙体抹灰找平，墙面平整度用 2 m 靠尺检测，其平整度≤3 mm，局部不平整超限度部位用 1∶2 水泥砂浆找平；阴、阳角方正。

（4）抹找平层前，抹灰部位应根据情况提前半个小时浇水。

2. 施工工艺

1）工艺流程

聚苯板薄抹灰外墙外保温系统施工工艺流程：基面检查或处理→工具准备→阴阳角、门窗膀挂线→基层墙体湿润→配制聚合物砂浆，挑选聚苯板→粘贴聚苯板→聚苯板塞缝，打磨、找平墙面→配制聚合物砂浆→聚苯板面抹聚合物砂浆，门、窗洞口处理，粘贴玻纤网，面层抹聚合物砂浆→找平修补，嵌密封膏→外饰面施工。

聚苯板排列如图 10-4 所示。门、窗洞口聚苯板排列如图 10-5 所示。

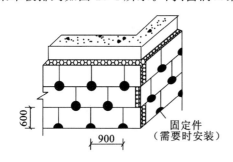

图 10-4 聚苯板排列

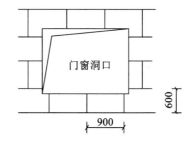

图 10-5 门、窗洞口聚苯板排列

2）施工条件

（1）施工应在结构、外门窗口及门窗框、各类墙面安装预埋件等施工及验收完毕后进行。

（2）操作环境温度不低于 5 ℃，风力不大于 5 级。

（3）雨天严禁施工。

3）施工要点

（1）基面处理。

① 检查并封堵基面未处理的孔洞；清除墙面上的混凝土残渣、模板油等。

② 先用钢丝刷刮刷，再用扫帚清扫，除去墙面灰尘。

③ 对于旧建筑做外墙外保温，除按上述要求作必要的基层处理外，应对聚苯板与老墙面的粘接强度进行检测，确定聚苯板的固定方案。

④ 依照基准线弹水平和垂直伸缩缝分格线。

⑤ 挂控制线。墙面全高度固定垂直钢丝，每层板挂水平线。

（2）粘贴聚苯乙烯板。

① 配制聚合物砂浆必须有专人负责，以确保搅拌质量。

② 涂抹胶粘剂。在板边缘抹宽 50 mm、高 10 mm 的胶粘剂，板中间呈梅花点布置，间距不大于 200 mm，直径不大于 100 mm（黏结面积不小于板面积的 30%），板上口留 50 mm 宽排气口（图 10-6）。板在阳角处要留马牙槎，伸出部分的聚苯板不抹胶粘剂，其宽度略大于聚苯板厚度。

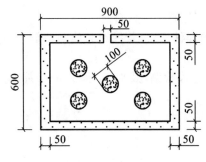

图 10-6　聚苯板黏结布点

③ 粘贴聚苯板时，应轻揉均匀挤压板面，随时用托线板检查平整度。每粘完一块板，用木杠将相邻板面拍平，及时清除板边缘挤出的胶粘剂；聚苯板应挤紧、拼严。

④ 门窗洞口四角处聚苯板应采用整板切割成型，不得拼接。

⑤ 应做好檐口、勒脚处的包边处理。

⑥ 基层上粘贴的聚苯板，板与板之间缝隙不得大于 2 mm。若出现超过 2 mm 的间隙，应用相应宽度的聚苯片填塞，严禁上下通缝。

⑦ 聚苯板粘贴 24 h 后，方可用砂纸或专用打磨机等工具进行修整打磨，动作要轻，打磨时要随磨随用 2 m 靠尺检查平整度。

⑧ 如需安装锚固件，当聚苯板安装 24 h 后，先用电锤（冲击钻）在聚苯板表面向内打孔，孔径按依据保温厚度所选用的固定件型号确定。孔的浓度随基层墙体不同而有区别：加气混凝土墙不小于 45 mm，混凝土和其他各类砌块墙不小于 30mm。锚固件数量为每平方米 2~4 个。

⑨ 装饰分格条须在聚苯板粘贴 24 h 后用分隔线开槽器挖槽。

（3）粘贴玻纤网格布的施工方法和要点如下。

① 聚合物砂浆应随用随配。

② 玻纤网布的粘贴必须在聚苯板粘贴 24 h 以后进行，按预先需要长度、宽度从整卷玻纤网布上剪下网片，留出必要的搭接长度，下料必须准确，剪好的网布必须卷起来，不允许折叠、踩踏。

③ 在建筑物阳角处做加强层，加强层应贴在最内侧，每边 150 mm。

④ 门窗周边应做加强层，加强层网格布贴在最内侧。可在门窗口四角加盖一块 200 mm×400 mm 标准网（图 10-7），与窗角平分线成 90°放置。

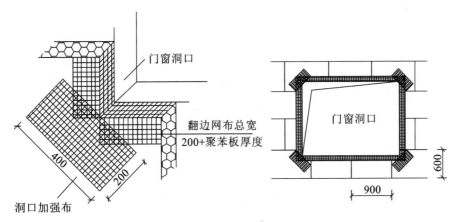

图 10-7　门窗洞口网格布加强层

⑤ 网布自上而下施抹,同步施工先施抹加强型网布,再做标准型网布。墙面粘贴的网格布应覆盖在翻包的网格布上。

⑥ 涂抹第一遍聚合物砂浆时,应保持聚苯板面干燥。

⑦ 在聚苯板表面刮上一层聚合物砂浆后,用抹子由中间向上、向下及两边将网格布平压入砂浆中,要平整压实,不得有皱褶,严禁网格布外露;网格布左、右搭接宽度不小于 100 mm,上、下搭接宽度不小于 80 mm。

⑧ 抹面层聚合物砂浆。在底层聚合物砂浆终凝前,抹 1～2 mm 厚的聚合物砂浆罩面,以刚盖住网格布为宜。

⑨ 施工后保护层 4 h 内不能被雨淋,保护层终凝后应及时喷水养护,昼夜平均气温高于 15 ℃时养护时间不得少于 48 h,低于 15 ℃时养护时间不得少于 72 h。

(4) 注意事项。

① 抹面层聚合物砂浆时切忌不停揉搓,以免造成泌水,形成空鼓。如底层聚合物砂浆已终凝,应作界面处理后再抹面层砂浆。

② 网布粘完后应防止雨水冲刷或撞击,容易碰撞的阳角、门窗应采取保护措施,上料口应采取防污染措施,发生表面损坏或污染必须立即处理。

10.1.4　胶粉聚苯颗粒保温浆料外墙外保温系统施工

胶粉聚苯颗粒保温浆料外墙外保温系统施工是将胶粉聚苯颗粒保温浆料直接抹在外墙基面形成保温层,然后用玻纤网格布增强的聚合物水泥砂浆做防护层,最后做饰面层。该技术适用于多层和高层民用建筑的外墙外保温施工。

胶粉聚苯颗粒保温浆料外墙外保温系统构造如图 10-8 所示。

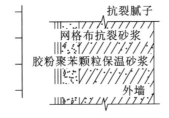

图 10-8　胶粉聚苯颗粒保温浆料构造

胶粉聚苯颗粒外墙外保温系统施工工艺流程如图 10-9 所示。

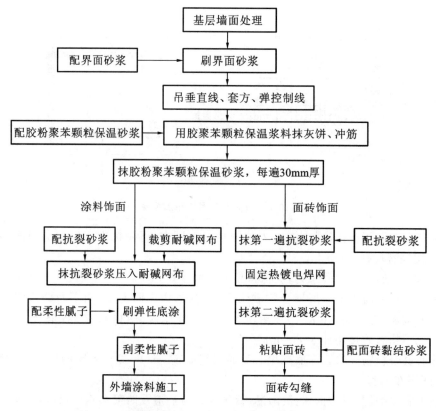

图 10-9 胶粉聚苯颗粒保温浆料外墙外保温系统工艺流程

1. 材料准备与要求

（1）胶粉聚苯颗粒保温浆料。

胶粉聚苯颗粒保温浆料由胶粉料与聚苯颗粒组成,两种材料分袋包装,使用时按比例加水搅拌制成。

（2）聚合物水泥抗裂砂浆。

聚合物水泥抗裂砂浆采用聚合物乳液并掺加多种外加剂生产的抗裂剂,与水泥、中砂按一定重量比搅拌制成。

（3）耐碱涂塑玻璃纤维网格布（简称玻纤网格布）。

耐碱涂塑玻璃纤维网格布是面层涂以耐碱防水高分子材料的耐碱玻璃纤维布,分为普通型和加强型。

2. 工具与机具

主要工具与机具包括常用抹灰工具及抹灰的专用检测工具、经纬仪及放线工具、水桶、剪子、滚刷、铁锹、扫帚、手锤、鉴子、壁纸刀、托线板、方尺、靠尺、塞尺、探针、钢尺、手提搅拌器、射钉枪等。

3. 作业条件

（1）外墙墙体工程平整度达到要求,外门窗框安装完毕,经验收合格。

（2）门窗边框与墙体连接应预留出外保温层的厚度,缝隙应分层填塞严密,做好门窗表面保护。

（3）外墙面上的雨水管卡、预埋铁件、设备穿墙管道等提前安装完毕,并预留出外保温层的厚度。

（4）基层墙面应清理干净无油渍、浮尘等,旧墙面松动、风化部分应剔凿并清除干净。

（5）预制混凝土外墙板接缝处应提前处理好。

（6）作业时环境温度不应低于 5 ℃,风力应不大于 5 级。严禁雨天施工。雨期施工时应做好防雨措施。

4. 施工要点

（1）保温层一般做法。

① 抹胶粉聚苯颗粒保温浆料应至少分两遍施工,每遍间隔应在 24 h 以上。

② 后一遍施工厚度要比前一遍施工厚度小。最后一遍操作时应达到冲筋厚度并用大杠搓平,最后一遍厚度以 10 mm 左右为宜。

③ 保温层固化干燥（至手掌按不动表面,一般约 5 d)后方可进行抗裂保护层施工。

（2）保温层加强做法。

建筑物高度大于 30 m 时,应在保温层中加一层金属网。具体做法:在每个楼层墙体上固定水平通长镀锌轻型角钢,先抹厚 20 mm 的保温浆料,用铁丝绑牢钢丝网（钢丝网搭接宽度不小于 50 mm)并将钢丝网压入保温浆料表层,抹最后一遍保温浆料找平并达到设计厚度。

（3）做分格线条。

① 根据建筑物立面情况,分格缝宜分层设置,分块面单边长度不应大于 15 m。

② 按设计要求在胶粉聚苯颗粒保温浆料层上弹出分格线和滴水槽的位置。

③ 用壁纸刀沿弹好的分格线开出设定的凹槽。分格缝宽度不宜小于 5 cm。

④ 凹槽中嵌满抗裂砂浆,将滴水槽嵌入凹槽中,与抗裂砂浆黏结牢固,用该砂浆抹平搓口。

⑤ 网格布应在分格缝处搭接。网格布搭接时,应用上沿网格布压下沿网格布,搭接宽度应为分格缝宽度。

（4）抹抗裂砂浆,铺贴玻纤网格布。

① 玻纤网格布按楼层间尺寸事先裁好,抹抗裂砂浆一般分两遍完成,第一遍厚度为 3～4 mm,随即竖向铺贴玻纤网格布,用抹子将玻纤网格布压入砂浆。先压入一侧,抹抗裂砂浆后再压入另一侧,严禁干搭,搭接宽度不应小于 50 mm。玻纤网格布铺贴要平整、无褶皱,随即抹第二遍找平抗裂砂浆,抹平压实,平整度应符合要求。

② 建筑物首层应铺贴双层加强型玻纤网格布,但应注意铺贴加强型玻纤网格布时宜对接,两层网格布之间抗裂砂浆应饱满,严禁干贴。铺贴普通网格布的方法和要求与前述相同。

③ 抹完抗裂砂浆后,应检查其平整度、垂直度及阴阳角方正,对于不符合要求的应进行修补。

（5）建筑物首层外保温墙阳角应在双层玻纤网格布之间加专用金属护角,护角高度一般为 2 m,在第一遍玻纤网格布施工后加入,其余各层阴角、阳角、门窗口角应用双层玻纤网布包裹增强。

（6）涂刷高分子乳液防水弹性底层涂料。涂刷应均匀,不得漏涂。

（7）刮柔性耐水腻子应在抗裂保护层干燥后施工,应刮 2～3 遍腻子并做到平整光洁。

10.1.5 全现浇混凝土外墙外保温系统施工

1. 全现浇混凝土外墙外保温系统概述

全现浇混凝土外墙外保温施工技术分为有网体系和无网体系两种做法,是在现有的大钢模板现浇混凝土剪力墙高层住宅施工技术的基础上发展起来的。简单地说,就是在浇筑混凝土墙体之前,把大块聚苯板放置在外钢模的内侧,待混凝土墙体浇筑成型后,便在外墙外侧形成了保温层,然后在保温层表面做防护层和装饰层。全现浇混凝土外墙外保温系统采用两种形式的聚苯板,一种是外侧带有单片钢丝网的聚苯板,与穿过聚苯板的斜插钢丝(又称腹丝)焊接,形成带有钢丝网架的保温板,这种板与混凝土墙复合后简称有网体系,适宜于外墙面做装饰面砖;另一种是将聚苯板背面加工成凹凸齿槽形的保温板,这种板与混凝土墙复合后简称无网体系,适宜于外墙面做装饰涂料。其主要材料及技术要求如下。

(1)聚苯乙烯泡沫塑料板。

保温板采用自熄型聚苯乙烯泡沫塑料板,其性能指标见表 10-5。

表 10-5 聚苯乙烯泡沫塑料板主要性能

表现密度 /(kg/m³)	导热系数 /[W/(m·K)]	吸水率 /(%)	氧指数 /(%)	拉伸强度 /MPa	养护时间/d	
					自然养护	60°蒸汽养护
18~20	≤0.041	≤6	≥30	≥0.1	≥42	≥5

(2)聚合物水泥砂浆。

聚合物水泥砂浆用于有网体系及无网体系表面的防护层。聚合物水泥砂浆是用有机胶结材与水泥、砂、水和其他外加剂以一定比例配制而成,具有较好的黏结和抗裂性能。其性能指标见表 10-6。

表 10-6 聚合物水泥砂浆防护层性能指标

18~20 kg/m³ 聚苯板 胶结强度/MPa	拉伸	原强度,14 d	≥0.10
		浸水,24 h	≥0.08
	压剪	原强度,14 d	≥0.10
		浸水,24 h	≥0.08
抗压强度/MPa			≥8~10
抗压强度/抗折强度			≤3
90 d 收缩率/(%)			≤0.10
吸水量比/(g/m³)			≤500
抗裂性(厚度 5 mm 以下)			无裂纹
可操作时间/h			≥2
水蒸气透过湿流密度/[g/(m²·h)]			≥1
加速冻融(循环 10 次)			表面无裂纹、龟裂、剥落现象

（3）耐碱性玻纤网格布。

耐碱涂塑玻璃纤维网格布用作无网体系聚合物砂浆面层的加强和抗裂之用，其性能应符合《耐碱玻璃纤维无捻粗砂》(JC/T 572— 2012) 的各项性能指标。

（4）聚苯颗粒保温浆料。

聚苯颗粒保温浆料用于窗口外侧面保温、无网体系中个别局部找平和堵孔等。聚苯颗粒保温浆料的性能指标应符合要求。

（5）低碳钢丝。

低碳钢丝用于有网体系的面层钢丝。斜插钢丝应为镀锌钢丝。

（6）聚苯板胶粘剂。

用于聚苯板之间黏结用胶，其性能指标如下：

① 对聚苯板的溶解性应小于 0.5 mm；

② 聚苯板之间的黏结抗拉强度应大于 0.1 MPa。

（7）尼龙锚栓。

尼龙锚栓由三部分组成，即膨胀尼龙外套，其材料一般均用聚酰胺 PA 6、PA 6.6（即尼龙 6 和尼龙 66）制作，亦可用聚丙烯树脂 PP 制作；镀锌螺钉和圆形压帽盖。

（8）界面剂。

界面剂用于有网及无网体系聚苯板外表面的涂敷处理，以增强保温层与防护层之间的黏结力，其技术性能应符合要求。在有网体系中，界面剂与钢丝应有牢固的握裹力。

2. 聚苯板现浇混凝土外墙外保温系统（无网体系）

本体系是采用一面带有凹凸型齿槽的聚苯保温板作为现浇混凝土外墙的外保温层。为使表面保护砂浆层结合牢固和提高聚苯板的阻燃性能，应在保温板表面喷涂界面剂。保温板用尼龙锚栓与墙体锚固，尼龙锚栓既是保温板与墙体钢筋的临时固定措施，又是保温板与墙体的连接措施，然后安装墙体内外钢质大模板。浇筑混凝土完毕后，保温层与墙体结合在一起，拆模后在保温板表面抹聚合物水泥砂浆，压入加强玻纤网格布，外做装饰饰面层。本体系适宜于做涂料面层。聚苯板现浇混凝土外墙外保温系统构造如图 10-10 所示。

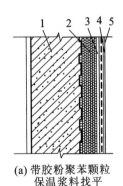
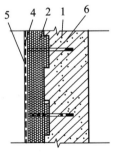

(a) 带胶粉聚苯颗粒　　　　　(b) 不带胶粉聚苯颗粒
保温浆料找平　　　　　　　保温浆料找平

图 10-10　聚苯板现浇混凝土外墙外保温系统构造（无网体系）
1—基层墙体；2—带槽聚苯保温板；3—胶粉聚苯颗粒找平层；4—抗裂砂浆复合耐碱网布；
5—弹性底涂、柔性腻子及涂料面层；6—锚栓

1）工艺流程

聚苯板现浇混凝土外墙外保温系统施工工艺流程：外墙钢筋绑扎安装→聚苯板加工→

墙体钢筋外侧安装保温板(放入尼龙锚栓)→立内侧模板、穿入穿墙螺栓→立外侧模板、紧固螺栓→混凝土浇筑→拆除模板→聚苯板面清理、抹胶粉聚苯颗粒并找平→抹抗裂砂浆压入耐碱网布→外墙饰面施工。

2)施工要点

(1)材料准备。

① 保温材料:厚度按设计要求,表观密度为 $18\sim20$ kg/m³ 的自熄型聚苯泡沫保温板。

② 保温板与墙体连接材料:直径 10 mm 尼龙锚栓,长度为保温板设计厚度加 50 mm。

③ 抗裂层材料:42.5 级普通硅酸盐水泥,中砂,聚合物乳液(或干粉料),耐碱型玻璃纤维网格布。

④ 其他材料:聚苯颗粒保温砂浆、塑料滴水线槽、泡沫塑料棒、分格条和嵌缝油膏等。

(2)模板与聚苯板安装。

① 按施工设计图做好聚苯板的排板方案。

② 弹好墙身线。

③ 绑扎墙体钢筋时,靠聚苯板一侧的横向分布筋宜弯成 L 形,以免直筋戳破聚苯板。绑扎完墙体钢筋后,在外墙钢筋外侧绑扎水泥垫块,然后在墙体钢筋外侧安装聚苯板。

④ 安装顺序:先安装阴阳角聚苯板,再安装角板之间聚苯板。

⑤ 在安装好的聚苯板面上弹线,标出锚栓的位置。在锚栓定位处穿孔,其尾部与墙体钢筋绑扎固定。

⑥ 在外侧聚苯板安装完毕后,安装门窗洞口模板,安装内模板之前要检查钢筋、各种水电预埋件位置是否正确,并清除模内杂物。

⑦ 从内模板穿墙孔处插穿墙螺栓、塑料套管和管堵,然后完成相应的外模板的调整和紧固作业。

⑧ 在安装聚苯板时,将企口缝对齐,墙宽不合模数的用小块保温板补齐,门窗洞口处保温板可不开洞,待墙体拆模后再开洞。

(3)混凝土浇筑。

① 在浇筑混凝土时,注意振动棒在振捣过程中不要损坏保温层。

② 墙体混凝土浇筑完毕后,如槽口处有砂浆存在,应立即清理。

③ 穿墙螺栓孔应以干硬性砂浆填补(厚度小于墙厚),随即用保温浆料填补至保温层表面。

(4)模板拆除。

① 在常温条件下墙体混凝土浇筑完成,间隔 12 h 后且混凝土强度不小于 1 MPa 即可拆除墙体内、外侧面的大模板。

② 先拆外墙外侧模板,再拆除外墙内侧模板,并及时修整墙面混凝土边角和板面余浆。

③ 穿墙套管拆除后,应以干硬性砂浆填补孔洞,保温板孔洞部位须用保温材料堵塞并深入墙内至少 50 mm。

(5)混凝土养护。

常温施工时,模板拆除后 12 h 内,混凝土表面应覆盖洒水或用养护剂养护,养护时间不少于 7 昼夜。

(6)抗裂防护层和饰面层施工。

① 如局部有凹凸不平处,用胶粉聚苯颗粒保温浆料进行局部找平或打磨,并用胶粉聚苯颗粒对浇筑的缺陷进行处理。

② 抹完第一层聚合物砂浆后,立即将玻璃纤维网格布垂直铺设,用木抹子压入聚合物砂浆内,网格布之间搭接长度宜大于等于 50 mm,然后再抹一层抗裂聚合物砂浆,以网格布均被浆料包裹为宜。在首层和窗台部位则要压入两层网格布加强。

(7) 成品保护。

① 在吊运物品时要避免碰撞保温板,特别是阳角在脱模后应及时加以保护,以免棱角遭到破坏。

② 抹完抗裂聚合物砂浆的墙面不得随意开凿孔洞。

③ 严禁重物、锐器冲击墙面。

3. 聚苯钢丝网架板现浇混凝土外保温系统施工(有网体系)

聚苯钢丝网架板现浇混凝土外保温系统是采用带钢丝网架的聚苯保温板作为现浇混凝土外墙的外保温层,在外墙钢筋绑扎完毕后,即在墙体钢筋外侧安装保温板,并在板上插入经防锈处理的 φ6 钢筋(或尼龙锚栓),与墙体钢筋绑扎,既作临时固定,又是保温板与墙体的连接措施,然后在墙体钢筋外加水泥垫块,以确保墙体钢筋有足够的保护层,最后安装墙体内外模板。浇筑混凝土完毕后,保温层与墙体结合在一起,拆模后在有网板面层抹掺有抗裂剂的水泥砂浆。本体系适宜于做粘贴面砖。聚苯钢丝网板现浇混凝土外墙外保温系统构造如图 10-11 所示。

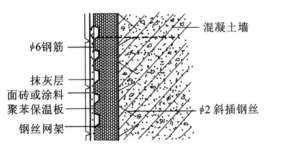

φ6 钢筋
抹灰层
面砖或涂料
聚苯保温板
钢丝网架
混凝土墙
φ2 斜插钢丝

图 10-11　聚苯钢丝网板现浇混凝土外墙外保温系统基本构造

1) 工艺流程

聚苯钢丝网架板现浇混凝土外墙外保温系统施工工艺流程:支模浇筑单面钢丝网架聚苯板→拆除模板→配制抗裂砂浆或胶粉聚苯颗粒→抹抗裂砂浆或胶粉聚苯颗粒找平→裁剪耐碱网布、配制抗裂砂浆→抹抗裂砂浆、压入耐碱网布(抹第一遍抗裂砂浆)→刷弹性底涂、配柔性腻子(固定热镀锌钢丝网)→刮柔性腻子(抹第二遍抗裂砂浆、配制面砖黏结砂浆)→外墙涂料施工(粘贴面砖并勾缝)。

2) 施工要点

(1) 钢筋绑扎。

① 钢筋须有出厂证明及复试报告。

② 靠近保温板的墙体横向分布筋应弯成 L 形,因直筋易于戳破保温板。

③ 绑扎钢筋时严禁碰撞预埋件,若碰动时应按设计位置重新固定牢固。

(2) 保温板安装。

① 内、外墙钢筋绑扎经验收合格后,方可进行保温板安装。

② 拼装保温板:安装保温板时,板之间高低槽应用专用胶黏结。保温板就位后,将 L 形

$\phi 6$ 钢筋穿过保温板,深入墙内长度不得小于 100 mm(钢筋应作防锈处理),并将其与墙体钢筋绑扎牢固。

③ 保温板外侧低碳钢丝网片均按楼层层高断开,互不连接。

（3）模板安装。

模板安装应采用大模板,按保温板厚度确定模板配制尺寸、数量。在安装外墙外侧模板前,须在现浇混凝土墙体的根部或保温板外侧采取可靠的定位措施,以防模板挤靠保温板。模板就位后,穿螺栓紧固校正,连接必须严密、牢固,以防出现错台和漏浆现象。

（4）混凝土浇筑。

① 墙体混凝土浇筑前,保温板顶面必须采取保护措施,混凝土应分层浇筑,连续进行。严禁将振捣棒碰撞保温板。

② 洞口处浇筑混凝土时,应沿洞口两边同时下料,使两侧浇筑高度大体一致,振捣棒应距洞边 300mm 以上。

③ 施工缝留置在门洞口过梁跨度 1/3 范围内,也可留在纵横墙的交接处。

④ 混凝土养护:常温施工时,模板拆除后 12 h 内喷水或用养护剂养护,养护时间不少于 7 昼夜。

（5）模板拆除。

① 在常温条件下,墙体混凝土强度不低于 1.0 MPa。冬期施工,墙体混凝土强度不低于7.5 MPa才可以拆除模板,拆模时应以同条件养护试块抗压强度为准。

② 先拆外墙外侧模板,再拆外墙内侧模板,并及时修整墙面混凝土边角和板面余浆。穿墙套管拆除后,混凝土墙部分孔洞应用干硬性砂浆堵塞,保温板孔洞部位应用保温材料堵塞。

（6）外墙外保温板板面抹灰。

① 清理板面余浆、灰尘、油渍和污垢。绑扎阴阳角、窗口四角加强网,层间保温板钢丝网应断开不得相连。板面及钢丝上界面剂如有缺损,应予找补,要求均匀一致,不得露底。

② 采用 1:3 水泥砂浆,并按水泥重量加入防裂剂。抹灰层之间及抹灰层与保温板之间必须黏结牢固,无脱层、空鼓现象。凹槽内砂浆饱满,并全面包裹住横向钢筋,抹灰层表面应光滑洁净,接槎平整,线条须垂直、清晰。

③ 抹灰应分层进行,待底层抹灰初凝后方可进行面层抹灰。

④ 抹灰完成后,在常温下 24 h 后表面平整无裂纹,即可做装饰面层。若采用面砖装饰外墙,粘贴面砖宜采用胶粘剂,并应按《建筑工程饰面砖粘结强度检验标准》(JGJ/T 110—2017)进行检验;若采用涂料装饰,则应在面层上抹 2～3 mm 聚合物水泥砂浆罩面层,然后涂刷弹性涂料,如需刮腻子,则要考虑腻子、涂料和聚合物水泥砂浆三者的相容性。

（7）其他。

注意环境影响,施工时应避免大风天气,当气温低于 5 ℃时,停止面层施工;当气温低于 −10 ℃时,停止保温板安装。

（8）成品保护措施。

① 抹完水泥砂浆面层后的保温墙体,不得随意开凿孔洞。当确有开洞需要时,如安装物件等,应在砂浆达到设计强度后方可进行,待安装物件完毕后修补洞口。

② 翻拆架子时应防止撞击已装修好的墙面,门窗洞口、边、角、垛处应采取保护措施。其他作业也不得污染墙面,严禁踩踏窗台。

10.2　墙体节能工程施工质量验收

10.2.1　墙体节能工程施工质量验收一般规定

（1）除采用聚苯板现浇混凝土外墙保温系统外，主体结构完成后进行施工的墙体节能工程，应在基层质量验收合格后施工，施工过程中应及时进行质量检查、隐蔽工程验收和检验批验收，施工完成后应进行墙体节能分项工程验收。与主体结构同时施工的墙体节能工程，应与主体结构一同验收。

（2）墙体节能工程应对下列部位或内容进行隐蔽工程验收，并应有详细的文字记录和必要的图像资料：

① 保温层附着的基层及其表面处理；

② 保温板黏结或固定；

③ 锚固件；

④ 增强网铺设；

⑤ 墙体热桥部位处理；

⑥ 预置保温板或预制保温墙板的板缝及构造节点；

⑦ 现场喷涂或浇注有机类保温材料的界面；

⑧ 被封闭的保温材料厚度；

⑨ 保温隔热砌块填充墙体。

（3）墙体节能工程验收的检验批划分应符合下列规定：相同材料、工艺和施工做法的墙面，每 500～1000 m² 划分为一个检验批，不足 500 m² 也为一个检验批；检验批的划分也可根据与施工流程相一致且方便施工与验收的原则，由施工单位与监理（建设）单位共同商定。

（4）外墙饰面层施工质量应符合《建筑装饰装修工程质量验收规范》（GB 50210—2001），《外墙外保温工程技术规程》（JGJ 144—2004）的规定。

10.2.2　墙体节能工程施工质量验收内容

墙体节能工程施工质量检查验收按主控项目和一般项目进行验收，检查验收内容及方法如下。

1. 主控项目

（1）用于墙体节能工程的材料、构件等，其品种、规格应符合设计要求和相关标准的规定。

检验方法：观察、尺量检查；核查质量证明文件。

检查数量：按进场批次，每批随机抽取 3 个试样进行检查；质量证明文件应按照其出厂检验批进行核查。

（2）墙体节能工程使用的保温隔热材料，其导热系数、密度、抗压强度或压缩强度、燃烧性能应符合设计要求。

检验方法：核查质量证明文件及进场复验报告。

检查数量:全数检查。

(3) 墙体节能工程采用的保温材料和黏结材料等,进场时应对其下列性能进行复验,复验形式应为见证取样送检。

① 保温材料的导热系数、密度、抗压强度或压缩强度。

② 黏结材料的黏结强度。

③ 增强网的力学性能、抗腐蚀性能。

检验方法:随机抽样送检,核查复验报告。

检查数量:同一厂家同一品种的产品,当单位工程建筑面积在 20 000 m² 以下时,各抽查不少于 3 次;当单位工程建筑面积在 20 000 m² 以上时,各抽查不少于 6 次。

(4) 寒冷地区外保温使用的黏结材料,其冻融试验结果应符合该地区最低气温环境的使用要求。

检验方法:核查质量证明文件。

检查数量:全数检查。

(5) 墙体节能工程施工前应按照设计和施工方案的要求对基层进行处理,处理后的基层应符合保温层施工方案的要求。

检验方法:对照设计和施工方案观察检查;核查隐蔽工程验收记录。

检查数量:全数检查。

(6) 墙体节能工程各层构造做法应符合设计要求,并应按照经过审批的施工方案施工。

检验方法:对照设计和施工方案观察检查;核查隐蔽工程验收记录。

检查数量:全数检查。

(7) 墙体节能工程的施工,应符合下列规定。

① 保温隔热材料的厚度必须符合设计要求。

② 保温板材与基层及各构造层之间的黏结或连接必须牢固。黏结强度和连接方式应符合设计要求。保温板材与基层的黏结强度应做现场拉拔试验。

③ 保温浆料应分层施工。当采用保温浆料做外保温时,保温层与基层之间及各层之间的黏结必须牢固,不应脱层、空鼓和开裂。

④ 当墙体节能工程的保温层采用预埋或后置锚固件固定时,锚固件数量、位置、锚固深度和拉拔力应符合设计要求。后置锚固件应进行锚固力现场拉拔试验。

检验方法:观察;手扳检查;保温材料厚度采用钢针插入或剖开尺量检查;黏结强度和锚固力核查试验报告;核查隐蔽工程验收记录。

检查数量:每个检验批抽查不少于 3 处。

(8) 外墙采用预置保温板现场浇筑混凝土墙体时,保温板的验收应符合相关规范的规定;保温板的安装位置应正确、接缝严密,保温板在浇筑混凝土过程中不得移位、变形,保温板表面应采取界面处理措施,与混凝土黏结应牢固。

混凝土和模板的验收,应按《混凝土结构工程施工质量验收规范》(GB 50204—2015)的相关规定执行。

检验方法:观察检查;核查隐蔽工程验收记录。

检查数量:全数检查。

(9) 当外墙采用保温浆料做保温层时,应在施工中制作同条件养护试件,检测其导热系数、干密度和压缩强度。保温浆料的同条件养护试件应见证取样送检。

检验方法:核查试验报告。

检查数量：每个检验批应抽样制作同条件养护试块不少于 3 组。

（10）墙体节能工程各类饰面层的基层及面层施工，应符合设计和《建筑装饰装修工程质量验收规范》（GB 50210—2001）的要求，并应符合下列规定。

① 饰面层施工的基层应无脱层、空鼓和裂缝，基层应平整、洁净，含水率应符合饰面层施工的要求。

② 外墙外保温工程不宜采用粘贴饰面砖做饰面层；当采用时，其安全性与耐久性必须符合设计要求。饰面砖应做黏结强度拉拔试验，试验结果应符合设计和有关标准的规定。

③ 外墙外保温工程的饰面层不得渗漏。当外墙外保温工程的饰面层采用饰面板开缝安装时，保温层表面应具有防水功能或采取其他防水措施。

④ 外墙外保温层及饰面层与其他部位交接的收口处，应采取密封措施。

检验方法：观察检查；核查试验报告和隐蔽工程验收记录。

检查数量：全数检查。

（11）保温砌块砌筑的墙体，应采用具有保温功能的砂浆砌筑。砌筑砂浆的强度等级应符合设计要求。砌体的水平灰缝饱满度不应低于 90%，竖直灰缝饱满度不应低于 80%。

检验方法：对照设计核查施工方案和砌筑砂浆强度试验报告；用百格网检查灰缝砂浆饱满度。

检查数量：每楼层的每个施工段至少抽查 1 次，每次抽查 5 处，每处不少于 3 个砌块。

（12）采用预制保温墙板现场安装的墙体，应符合下列规定：

① 保温墙板应有型式检验报告，型式检验报告中应包含安装性能的检验；

② 保温墙板的结构性能、热工性能及与主体结构的连接方法应符合设计要求，与主体结构连接必须牢固；

③ 保温墙板的板缝处理、构造节点及嵌缝做法应符合设计要求；

④ 保温墙板板缝不得渗漏。

检验方法：核查型式检验报告、出厂检验报告、对照设计观察和淋水试验检查；核查隐蔽工程验收记录。

检查数量：型式检验报告、出厂检验报告全数核查；其他项目每个检验批抽查 5%，并不少于 3 块（处）。

（13）当设计要求在墙体内设置隔汽层时，隔汽层的位置、使用的材料及构造做法应符合设计要求和相关标准的规定。隔汽层应完整、严密，穿透隔汽层处应采取密封措施。隔汽层冷凝水排水构造应符合设计要求。

检验方法：对照设计观察检查；核查质量证明文件和隐蔽工程验收记录。

检查数量：每个检验批抽查 5%，并不少于 3 处。

（14）外墙或毗邻不采暖空间墙体上的门窗洞口四周的侧面，墙体上凸窗四周的侧面，应按设计要求采取节能保温措施。

检验方法：对照设计观察检查，必要时抽样剖开检查；核查隐蔽工程验收记录。

检查数量：每个检验批抽查 5%，并不少于 5 个洞口。

（15）寒冷地区外墙热桥部位，应按设计要求采取节能保温等隔断热桥措施。

检验方法：对照设计和施工方案观察检查；核查隐蔽工程验收记录。

检查数量：按不同热桥种类，每种抽查 20%，并不少于 5 处。

2. 一般项目

（1）进场节能保温材料与构件的外观和包装应完整无破损，符合设计要求和产品标准的规定。

检验方法：观察检查。

检查数量：全数检查。

（2）当采用加强网作为防止开裂的措施时，加强网的铺贴和搭接应符合设计和施工方案的要求。砂浆抹压应密实，不得空鼓，加强网不得有褶皱、外露。

检验方法：观察检查；核查隐蔽工程验收记录。

检查数量：每个检验批抽查不少于 5 处，每处不少于 2 m²。

（3）设置空调的房间，其外墙热桥部位应按设计要求采取隔断热桥措施。

检验方法：对照设计和施工方案观察检查；核查隐蔽工程验收记录。

检查数量：按不同热桥种类，每种抽查 10%，并不少于 5 处。

（4）施工产生的墙体缺陷，如穿墙套管、脚手眼、孔洞等，应按照施工方案采取隔断热桥措施，不得影响墙体热工性能。

检验方法：对照施工方案观察检查。

检查数量：全数检查。

（5）墙体保温板材接缝方法应符合施工方案要求。保温板接缝应平整、严密。

检验方法：观察检查。

检查数量：每个检验批抽查 10%，并不少于 5 处。

（6）墙体采用保温浆料时，保温浆料层宜连续施工；保温浆料厚度应均匀、接槎应平顺、密实。

检验方法：观察、尺量检查。

检查数量：每个检验批抽查 10%，并不少于 10 处。

（7）墙体上容易碰撞的阳角、门窗及不同材料基体的交接处等特殊部位，其保温层应采取防止开裂和破损的加强措施。

检验方法：观察检查；核查隐蔽工程验收记录。

检查数量：按不同部位，每类抽查 10%，并不少于 5 处。

（8）采用现场喷涂或模板浇筑的有机类保温材料做外保温时，有机类保温材料应达到陈化时间后方可进行下道工序施工。

检查方法：对照施工方案和产品说明书进行检查。

检查数量：全数检查。

参 考 文 献

[1] 建筑施工手册编写组.建筑施工手册[M].4版.北京:中国建筑工业出版社,2003.

[2] 陈刚.混凝土结构工程施工[M].2版.北京:化学工业出版社,2015.

[3] 广西壮族自治区质量技术监督局.建筑施工模板及作业平台钢管支架构造安全技术规范(DB45/T 618—2009)[S].广西:广西科学技术出版社,2010.

[4] 中华人民共和国住房和城乡建设部.建筑施工扣件式钢管脚手架安全技术规范(JGJ 130—2011)[S].北京:中国建筑工业出版社,2011.

[5] 中华人民共和国住房和城乡建设部.建筑施工模板安全技术规范(JGJ 162—2008)[S].北京:中国建筑工业出版社,2008.

[6] 中华人民共和国住房和城乡建设部.混凝土结构工程施工质量验收规范(GB 50204—2015)[S].北京:中国建筑工业出版社,2015.

[7] 中华人民共和国住房和城乡建设部.钢框胶合板模板技术规程(JGJ 96—2011)[S].北京:中国建筑工业出版社,2011.

[8] 姚谨英.建筑施工技术[M].5版.北京:中国建筑工业出版社,2014.

[9] 中华人民共和国住房和城乡建设部.高层建筑混凝土结构技术规程(JGJ 3—2010)[S].北京:中国建筑工业出版社,2011.

[10] 中华人民共和国住房和城乡建设部.装配式混凝土结构技术规程(JGJ 1—2014)[S].北京:中国建筑工业出版社,2014.